JN319841

第二章　在日米軍撤退の行程表

中国は負け戦はやらない　38
沖縄米軍の命運は、中台関係が握る　39
「台湾は空母20隻分の価値がある」　42
中国は空母を増やすのか？　47
ほっといても米軍はいなくなる　51
中国空軍戦闘機が２０００機を超えた時　53
沖縄米軍の転進先　57
米軍ベトナム基地ふたたび　63
撤退計画は朝鮮半島の情勢次第　69
三沢基地の隠された価値　75
横須賀・第7艦隊だけは絶対に必要　77
米軍にとっての真の「強敵」　84
宇宙では中国がやりたい放題　88

第三章　米軍なしで日本は中国に勝つ！

撤退こそ米軍の基本方針　98
米軍のいない日本は中国にどう映るのか？　102
今こそ日本に国家軍事戦略が必要だ　105
日本に合うミサイル戦略を考える　112
自衛隊は米軍のためのもの　115
自衛隊だけで日本をどう守る？　122
とりわけ日本の空をどう守る？　124
また最後まで「零戦」で戦い続けるのか　128
日本が空母を持てる日　136
日中空母が激突したら？　142
日本国海兵隊・Ｊマリーン、出動す!!　146
対中国で、陸上兵力は出番ナシ　148
陸自はこう改編すべきである　151
日本軍に戦車はいらない　155
中国が一番嫌な兵器はオスプレイ　158

あとがき 167

All contents are UNCLASSIFIED.

序章　同床異夢の日米同盟

富士山を背景に飛ぶ米空軍のC-130輸送機の編隊

米国にとって「日米同盟」とは

空気と水のようにずっとそこにあると思われている在日米軍。

しかし、それはまったくの勘違い。

なぜなら米国は民主主義の国であるとともに資本主義の国でもあるからだ。

その判断は、まずは国民の民意に基づくが、さらには経済原則に基づいても合理的に下されるのだ。

即ち、必要か不要か——合理的に判断が下されれば、動くしかない。

米軍は、敗戦でベトナムから撤退し、同時にタイからも撤退。金銭問題で、フィリピンから撤収。

湾岸戦争が終われば、サウジアラビアから引いた。

イラク戦争が終われば、全面撤退した。

東アジア——朝鮮戦争はあくまで休戦中のため、韓国に米軍は駐留し続けている。

太平洋戦争で日本に勝利した米軍は、日米同盟の下、日本に駐留してきたが、戦況が変われば、米軍は動く。

そして今、東アジアの戦況は日々刻々と動き始めた。在日米軍は完全撤退も視野に

横須賀に寄港する米海軍攻撃型原潜キーウェスト。敵国を最初に攻撃する任務を担う

入れ、すでに一部では撤退を開始している。

そうした動きの中で、今、日米同盟は、「同床異夢」——同じ床に寝ながら、異なる夢を見ているのではないか。

まるで熟年離婚のような雰囲気になっていると、飯柴氏は指摘するのだ。

——まずは、「日米同盟」の存在理由についてお聞かせください。

冷戦時代は、日米は西側のプレイヤー同士、きちんと意思統一がなされていたと思います。

——今は違うのですか？

当時は、日米だけではなく、西ドイツ、イギリスにしても、米ソ全面核戦争の脅威の下ではみなが運命共同体でした。

——核戦争が始まれば、西側はほぼ同時に滅亡する？

そうです。その恐怖を西側諸国全体で共有していたと言えるでしょう。冷戦下の1986年に、東京で開催されたサミットの報道写真を見ても、7人の首脳がズラリと並んで、その表情は緊張感に満ち満ちていました。

——当時、自分は週刊誌編集者として、関連特集の取材をしていましたけれど、レーガン米国大統領、サッチャー・イギリス首相……と、まさにオールスター級の西側指導者が集まっていました。

今、思えば歴史的な顔ぶれでしたね。

——その共通の敵としての、共産主義・ソ連と東側がなくなった……。

今、中国が次の敵として現れたけれども、実は日米は同床異夢になっているというしかない。

——日米はそれぞれが、どんな異なる夢を見ているのですか？

結論から言いますと、日米間の国益の差ですね。冷戦終了直後からその差がどんどんと広がって大きくなっています。

例えば、北朝鮮のミサイルが、1000発以上あって、日本を崩壊させることができるとしてもですね、米国にとっては、「北のミサイルはウチに届かないから、関係ない」ということになります。

――そんな冷酷な……。

だから、日米同盟は同床異夢、というんです。

さらに言えば、中国のミサイルも米国に到達するのは、100発前後です。米国はやる気になれば、中国に数千発単位の核ミサイルを叩き込めますから。

だから正直、「中国も関係ないから」というスタンスです。

――対ソ連であった全面核戦争の恐怖は、対中国と対北朝鮮では、米国にはほとんど影響ないということですね？

平たく言うとそうです。

日本のメディアは勘違いしているのですが、敵国を最初に攻撃する兵器、つまり、ファースト・ストライク・ウェポンは、地上発射の弾道ミサイルではなくて、潜水艦から発射する弾道ミサイル（ＳＬＢＭ：Submarine Launched Ballistic Missile）であるということです。これは、軍事学の基本中の基本です。

北朝鮮にＳＬＢＭはありますか？　１発もありません。

そして、中国は……。

——ＳＬＢＭ搭載の晋級０９４型原子力潜水艦が３隻あります。しかし、戦力化に関してはまだ、疑問符がついています。

専門家から見ると、全然、話にならない。

その原子力潜水艦が、米海軍第７艦隊を素通りして米国本土まで接近するのは、現時点では不可能です。さらに米国は東西を大西洋と太平洋という大海によって守られ、南北をカナダとメキシコという友好国に守られています。その米国を直接攻撃することは、並大抵の軍事力ではできません。

そしてまた、中国は米国への核攻撃力を持っていないんです。

それから、日本人はミサイル・ディフェンスについては、大きな勘違いをしていますね。

——どういうことでしょう？　北がミサイルを撃つぞと言えば、海自精鋭の対弾道ミサイルＳＭ－３搭載のイージス艦が日本海に展開し、空自の地対空ミサイル・パトリオットＰＡＣ－３が地上展開して、万全であります。

それは、ミサイルが発射されてから、飛翔中か着弾寸前に、撃墜しようとしているんでしょ？

――防衛でありますから。

ミサイル・ディフェンスには推進段階のブースト・フェイズ、水平移動中のマイルド・コース・フェイズ、落下段階のターミナル・フェイズ、そして発射前のフェイズ・ゼロがあります。日本では最終段階のターミナル・フェイズで叩くのが基本になっていますが、たぶん小学生でも分かると思いますが、弾道ミサイルはフェイズ・ゼロと呼ばれる発射寸前の地上でぶっ潰すのが一番確実なんです。

米国と日本のミサイル・ディフェンスの発想は完全に違うと言わざるをえない。撃つ前に叩く、これが米軍の発想ですから。

北朝鮮の移動式トレーラーから発射するノドンミサイルを、発射する前に米軍は潰せます。衛星ですべて見えていますから。

――すると、日米の同床異夢の米国の部分を翻訳すると、

「敵がソ連の時は、日本に、また、米国にまで核ミサイルが飛んできて、同時に滅亡する運命共同体だった。だから、一緒にやろうぜ、という真剣な日米同盟だった。しかし、今は、米国に北朝鮮のミサイルが届くことはない。中国のは数が少ないから、米国は滅亡しない。だからさ、君たち、日本だけで、まず何とかしなよ」

と言うのが、本音ですか？

はい、そのとおりですね。

米国の国益に拉致問題は関係なし

——確かに、日本が考えている日米同盟と少し違うような……。

日本が対北朝鮮で持ち出している拉致《らち》問題も、米国の国益とは何の関係もないですから、政治的な関心はゼロです。ブッシュ大統領の時も「同情しますよ。でも、ウチは関係ないです」というスタンスでした。

ところが、日本は北との交渉で、つねに拉致問題解決を最初に挙げています。さらに、6者協議に持ち込もうとしたこともありましたね？

——対北では、なんといっても拉致問題は日本の一番の問題ですからね。

しかし、6者協議は、北の核の話がテーマなのであって、拉致は関係ないです。ここにも、日米の温度差は出ています。

——なるほど。

普天間基地の問題も、日本は、沖縄の地域問題として捉えていますが、米国は、東アジア全体をチェス盤と考えて、その中の一つとして普天間基地を捉えています。

国内問題として捉えている日本と、世界を六つの戦略シアターに分け、そのうちのUSPACOM（米太平洋軍）内の問題と考えている米国とでは、当然考え方は違います。

――何故、そのような違いが出てくるのですか？

国家戦略目標があるか、ないかの違いです。

最初に、米国には、国家の指針としての国家戦略目標があります。

大統領が代わっても、米国はつねにパックス・アメリカーナの下に、米国主導の世界平和を維持することを基本としています。

これこそが、米国の国家戦略目標です。民主党であろうが共和党であろうが、誰が大統領に就任しようが、国家戦略目標は変わりません。

民主党のオバマ政権下では、世界の警察官としての任務を少し放棄しかけていますが、基本は変わりません。要するに米国の一国主導の下にやっていく。

国連は付属物でしかないということです。

そこでお尋ねしますが、日本人に、「日本の国家指針はなんですか？」と聞くと、どういう答えが返ってくるでしょうか？

――拉致問題解決と、普天間移設問題ですか？

これが「日米同盟」の風景。一番奥、米海軍原子力空母ジョージ・ワシントンと並航する海上自衛隊の「軽空母」ひゅうが（奥から二番目）

それらは、日朝の二国間の問題と、沖縄の地域問題ですよね。

――あっ、そうです。

日本人で、日本の国家戦略目標をすっと答えられる人はほとんどいません。

――ヘーゲル国防長官が、「NATOは米国をいつまでも頼りにしてないで、自国の防衛にもっと金を使えよ」と言っていましたが、NATOも日本と同じ立場ですか？

少し違います。NATOは米国を利用しているといったほうが正しい。米国に金を使わせています。

逆に日本は、完全に米国に利用されています。

——利用されている？

「思いやり予算」を払い、米国の言うことはとにかく右にならえで全部聞いているといっていいでしょう。

——それなのに結局、同床異夢で、捨てられようとしている……。

そのようですね。

日米同盟の存在理由として唯一残っているのは、日本の地理的条件だけですね。

——ユーラシア大陸の太平洋側で、大陸から海に進出しようとしている勢力を辛うじて止めている城壁のような日本列島、ということですか？

そうです。

この発想を実感したのは、アフガニスタンに米陸軍第82空挺師団兵士として出征した時ですね。

——どうなっていたんですか？

自分が駐留していたのはアフガニスタンの米軍基地でしたが、米軍基地の外側を囲むようにして、訓練しているアフガニスタン軍の基地が配置されていたんですね。

だから、外側から敵に攻撃されたら、最初にやられるのはアフガニスタン軍なんですね。

なんといっても米国人は、緩衝地帯を置くのが好きなんですよ。

——東アジアでは、そのアフガニスタン軍が、日本国自衛隊なんですか？

そうなります。

——その日本から、在日米軍が撤退してしまうのですか？

既に、始まっています。

そして、最悪の事態を考えると、米軍は日本から全面撤退します。

第一章　米軍が日本から撤退する理由

米海軍厚木基地　米空母が横須賀に戻ると艦載機は、ここで翼を休める

背に腹は替えられない米軍

この章では、本当に在日米軍は日本から撤退するのか？　またするとしたら、何故なのか、その理由について、徹底的に検証していく。

米国が独裁者の治める国ならば、その人物の一存でなんとでもなるだろう。しかし、米国は、国民の参加する民主的な選挙で選ばれた大統領が治める民主主義の国である。国民が国に納めた貴重な税金で、米軍は武器を揃え、兵士に給料を払い、活動しているわけだ。

即ち、米軍は、莫大な国民の税金を使っている以上、米国と米国市民のために、最大限に奉仕しなければならないのだ。

当然、米国の納税者たちの意見は、大きく軍に影響を与えることになる。

日本人は、日米同盟があるのだから、日本を守るために、在日米軍はいてくれるだろう、と無条件に思いがちだ。まして日本から撤退することなど絶対に無いと思っている。

が、果たして、本当にそうなのだろうか？

——撤退する最大の理由は何ですか？

最大の理由は、軍事費の節約でしょう。

——と言いますと？

米国の財政は悪化していて、さらに金持ちと貧乏人の二極化は限界まで進んでいます。米国で暮らしていると分かるのですけれど、ここが、先進国かと思うくらい、アフリカの第三世界のような貧困地帯が広がっています。だから、国民の最大の関心事は経済です。

自分が１９９３年に大学留学した時、大学における一単位の価格は50ドルでした。今（２０１４年現在）は、一単位取得するのに４００ドル前後もかかります。

——金持ちしか大学進学できないじゃないですか!!

まさにその通りなんです。

——世界平和を持続するために、軍隊を海外に派遣しているより、米国内を豊かにするほうが先じゃないですか？

そういうことです。かつて、マルクスは、資本主義は金持ちと貧乏人の二極化がどんどん進み、金持ちはさらに金持ちになり、貧乏人はもっと貧乏になり、最終的に破局すると予測しました。今、米国はその予測通りになっています。

数年前に、米国におけるガソリンの平均価格が一ガロン4ドルを超えました。その時、各地で、タンクローリーからガソリンを盗む略奪事件が多発しました。上がったのはガソリン代だけではなく、医療費もしかりです。オバマ大統領は就任前から医療改革を進めようとしました。ですがあまり上手くいきませんでした。大統領が率先して対応しても対応しきれないほど、問題は深刻化しているということです。

——世界の警察官をつとめる前に、まずは国内の治安維持ですね。

莫大な金を軍備に使って、自分たちの地元の生活が貧しい。だから、イギリスがどこにあるか地図で指させないような連中でも、これはおかしいと思っています。

この人たちは、自分の生活する周辺に確実な雇用があるかないか、そしてガソリンの値段だけが、最大の関心事です。だから、世界の辺境が戦争でどうなろうと、知ったこっちゃない。

この階層は、ガソリン代が、3ドル50セントまでならば、何とか暮らせるというのが実情です。

——この方々は、日本の尖閣諸島問題とかは？

場所も含めて、絶対に知らないといっていい。

——だから、莫大な金を軍事費に使うよりも、家の近所の仕事確保とガソリンの値段

を下げるほうに金を使え、となりますね。

そうなります。

米国の国防予算は、2001年は3162億ドルだったのが、2010年は6909億ドルと約2・2倍になっています。ちなみに米国を除いた世界各国の軍事費を総計しても4500億ドル程度にしかなりません。

——これを機会に儲けようとした輩《やから》もいるでしょ？

いましたよ。

例えば2005～06年ごろですが、イラク、バグダッドの米大使館に、PMC（民間軍事企業）の警備員を大量に雇う契約が交わされた。しかし、守るべき大使館職員の数が少ないので、今度は、米国本土から急遽、職員が大量に増員されて、送り込まれました。本末転倒の話です。

——ミリタリーバブルですね。

まさに。米国で専門家筋にリサーチしてみると、適正な国防予算は4000億ドル以下のようです。理想は、3000億ドル。

段階的に3500億～4000億ドルに減らして様子を見て、可能ならば、3000億ドルのレベルまで、国防予算を減額しなければなりません。

米陸軍は空からの攻撃に対応できない

この金の問題も、日本から撤退する理由の大きな部分を占めています。

米軍の戦術はアウトレンジが基本

――まず、金。その次の理由は何が来ますか?

撤退する二つ目の理由が、スタンドオフです。

――なんですか、それは?

敵の先制攻撃圏外にいることです。

米軍は、中国から先制攻撃された時に、被害を最小限に食い止めるために日本から離れ、十分で安全なスタンドオフ距離を保つ必要性があります。

――この第2の理由は、在日米軍が撤退する理由としては強いですね。

米軍に金が足りなかったら、日本は幾らでも払いますからね。

その米軍が、スタンドオフして、アウトレンジにいる、即ち、敵の先制攻撃の圏外にいる戦法を取り始めたのは、いつからですか?

湾岸戦争です。この戦争で、エアランドバトルが初めて行われました。空から攻撃して、その後に陸上兵力が行けば、損害がほとんどないことが分かりました。

しかし、逆に空からやられると陸上兵力はヤバいことも分かりました。

――米国が学んだのは、圧倒的な制空権があれば、陸軍の被害は少ない。しかし、逆に空からやられる場所にいれば、第一撃からは逃げられないということですね。

そうです。自分も米陸軍にいた時、空からの攻撃はほとんど、想定していませんでした。

ADA（Air Defense Artillery：対空戦闘）はどうしていいか、分からない。だからこそ、ヤバいのです。

米軍は、空から攻撃される位置に陸上兵力および海上兵力を置くことはないのです。

その結果、海兵隊は、沖縄からグアムに下がり始めました。

中国軍の切り札、第二砲兵が運用するDF-21東風・弾道ミサイル

——冷戦時代、ソ連が日本に侵攻した時、自衛隊が応戦して耐える。そこに、沖縄駐留の米海兵隊とハワイの米陸軍第25歩兵師団が来るまで、持《も》ち堪《こた》えるのが基本戦術でした。

今、それが中国軍となって、日本上空で中国空軍が制空権を持っていたら、米軍はどうしますか？

米軍は陸上兵力を絶対投入しません。

——米陸軍も米海兵隊も来ない。

間違いなく来ません。後回しです。というか、そもそも来る場所がありません。エアシーバトルでは、陸上兵力は下げます。だから、撤退というより、正確にはリスクの分散です。

——我が大日本帝国陸海軍は、撤退を転

進と呼んでいたでありますが……。

米軍は分散ですね。歩兵のフォーメーションも、戦闘状況によって、各人の間隔を5～10メートルほど離します。これは、固まっているとマシンガンの掃射や1発の榴弾《りゅうだん》で一気にやられるからです。

自分はハンヴィー軍用車の銃手が専門ですが、ハンヴィーの車列は、昼間は地形によって、50～75メートル、夜間は25メートルと車両間隔を空けます。密集していると一度にやられてしまいますからね。

――すると、沖縄の海兵隊がグアムに下がるのは？

リスクの分散の一つです。海兵隊は、グアム、そして、オーストラリアにも分散させています。

だから、他の在日米軍も、後方に下がることはありえます。

――米国にとって、パールハーバーの悪夢はまだ、残っていますか？

精神的にはあると思います。

――横須賀停泊中の米海軍第7艦隊の空母とイージス艦が、中国のDF－21（東風21）弾道ミサイルの奇襲で、全艦隊が停泊中に撃沈されて、第2のパールハーバーになったら、どうなりますか？

現在、地球上で最強のF-22ラプター・ステルス戦闘機

まず、全艦隊が横須賀軍港に入っている時、中国軍にミサイルで奇襲されるケースは、絶対に想定しています。米軍にとって、それは、まさにThe Most Dangerous Course of Action（最悪の事態）ですね。

——米国は、大日本帝国の時のように怒りますか？

その時の状況によりますが、空母がやられたら、米国は怒ります。

そして、煽《あお》りたかったら、煽ります。煽れば、米国は太平洋戦争の時に対日本で燃えたのと同じようになるでしょうね。

——米軍は必ず、第一撃からのアウトレンジに位置する。

日本の空自も採用したF-35ライトニング・ステルス戦闘機

そうです。

その延長で考えると、自衛隊の武装方法も自ずと分かってきます。

——と、言いますと?

例えば、海自のP-3C対潜哨戒機は、完全に米海軍第7艦隊を護るための兵器です。

それから、イージス艦。日本人はイージス艦をミサイル・ディフェンスのための兵器と考えますが、あれは、空母を守る兵器です。

日本がイージス艦を持てば持つほど、第7艦隊が安全になります。

——けっして日本防衛のためではない……。

空自の約200機あるF-15。あれ

も、三沢に米空軍のF-16が、いるからですね。
F-15とF-16はセットですから。

——空自F-15が制空して、米空軍F-16が爆撃する……。

そうです。
だから、在日米軍がいなくなった時、日本が単独で防衛できる兵器システムにはなっていません。
兵器体系でも、日本はまず、米国ありきになっています。

日本の機密保持に不安あり

——F-35ライトニングⅡとF-22ラプターとどちらが強いですか？

もちろん、F-22です。エンジンが双発の制空戦闘機ですから。

——すると、F-35は、F-16の跡継ぎ、ならば、F-22は、F-15の跡継ぎです。

F-22を米国は日本に売ってくれませんでしたよね。

その理由を米国で空軍の専門家や、メーカー関係者に複数、当たってみました。
ロッキード・マーチン社は、売りたかった。Jモデルという構想があって、性能を落としたF-22Jとして、日本に売られるはずでした。

そりゃ民間は売りたいですよ。メンテナンスを入れると、莫大な額のビジネスですからね。

財政赤字に苦しむ米国政府にしても、売りたいのは山々だった。

――それが、何で、ダメになったのですか？

米国の議会がストップさせました。

そこでは、米国が多額の金を投入して開発したステルス戦闘機の秘密技術を、簡単に日本は中国に渡してしまう可能性があると判断された。それが、大きな理由だと思います。金がどうのこうのの話ではない。

――イージス艦の機密を渡した海自士官の責任は重大ですね。

はい。

元米軍情報将校として私は、その海自士官は、中国にとって非常によい働きをした、と判断します。

――今度、F―35を売ってくれることになりましたが、これには、F―22の次の世代のステルス技術が入っています。機密保持には細心の注意が必要ですね。

F―35は、多国籍開発だから、米国もそんなに気にしないと思いますが、機密保持はとても重要です。

——それは何故ですか？

F－22の後継機である第6世代戦闘機（現在開発中）が完成した時、米国が日本に売ってくれるかどうかは、機密保持の信頼性にかかっています。

——F－40台のナンバーが付くF－40ＸＪですね。

そのためには、まず、セキュリティ・クリアランス・システムをしっかりと構築しないとダメですね。

——どの国家機密まで接していいか、秘密情報にアクセスする保安資格ですね。

そうです。

米国は、軍、情報機関、捜査機関、国務省などに勤める役人や官僚、そして上院・下院議員やロッキード・マーチン社やレイセオン社などの防衛産業に勤める民間人まで もが、セキュリティ・クリアランスを持っています。

——日本の国会議員は、何も持っていませんよ。

多分、「ここだけの話だがなー」と地元に帰って、喋りまくっています。

それでは、ダメです。まったく話になりません。日本で、特定秘密保護法とかやっていますけど、あれは必ず失敗します。というか米国の基準と同一にはなりません。

まずＯＰＭ（Office of Personnel Management）という独立したクリアランスの資

格調査機関を設立し、全員一回白紙に戻してから、話が始まりますからね。

――それをやらないと、第6世代の戦闘機は米国から入らなくなる……。

在日米軍が撤退する未来を想定すると、日本が単独で防衛できる武器体系を持たないといけないということです。

第二章　在日米軍撤退の行程表

沖縄嘉手納米空軍基地に50機、配備されているF-15C戦闘機

中国は負け戦はやらない

これまで在日米軍が撤退する理由を検証してきたが、本章では、どのようなきっかけで、どこから、どう撤退するのか？　その行程表をみていくことにする。

既に２０１３年沖縄駐留の海兵隊は、グアム、オーストラリアに撤退を開始しているが、その判断基準は、ＢＤＡ（Battle Damage Assessment 日本語に訳すと、戦闘被害評価）によったものだ。米軍は、その数値によって撤退するか、否かを判断するという。

そこに「友情」だとか、「信頼」などの『情』は、入らない。ただただ合理的に判断するだけなのである。

——中国の戦争の始め方について教えてください。

中国は伝統的に孫子《そんし》の兵法《へいほう》の国なので、戦争に負けると考えるうちは始めないです。即ち、負《ま》け戦《いくさ》をやらない国です。

——その負け戦をしない国が、こりゃ勝ち戦になると判断して出て来るのはいつですか？

　ＢＤＡで判断してくるでしょう。

――それは、なんですか？

Battle Damage Assessment（戦闘被害評価）です。米軍の場合、３対１が限界です。

――中国軍の兵力が米軍１に対して、３となれば、攻めてくる。

　そう考えます。

――そして逆に、米軍は撤退する。

　その判断は、米軍が下すでしょう。

――その米中の兵器の数を対比させて、３対１に、いつなるのかで、在日米軍撤退の時期を予測できるということですか？

　そうですね。

沖縄米軍の命運は、中台関係が握る――『沖縄米軍』

――それでは、在日米軍の基地別に判定作業をお願いします。まず、一番南西の沖縄基地です。

　沖縄米軍ですね。

――はい。

ここは、ＢＤＡで、判定すると、どうなりますか？

待ってください。ここは、ＢＤＡ判定の前に、中国と台湾の国際関係を考慮に入れなければなりません。

――何故、沖縄米軍が撤退する理由に、中国と台湾の関係が入ってくるのですか？

台湾が中国側に付くと、ドミノ倒しのように均衡が崩れていきます。

今の中国のトップの習近平国家主席は、自分の任期内に何とか台湾をモノにしようという執念があります。

台湾が中国側に付くと、沖縄の西側のガードが完全にガラ空きになります。

――側面が敵に晒《さら》されますね。

沖縄米軍の燃料は、米国本土ではなく、中東からシーレーンを通ってきています。だから、台湾が中国の手に落ちると、そのシーレーンがなくなります。

――中国はどのようにして、台湾を手に入れるのですか？

軍事的に占領するハードランディングと、台湾が、自ら望んで中国に併合されるソフトランディングの二つの場合があります。

――米国の中国情報の専門家たちは、どのような見解だったのですか？

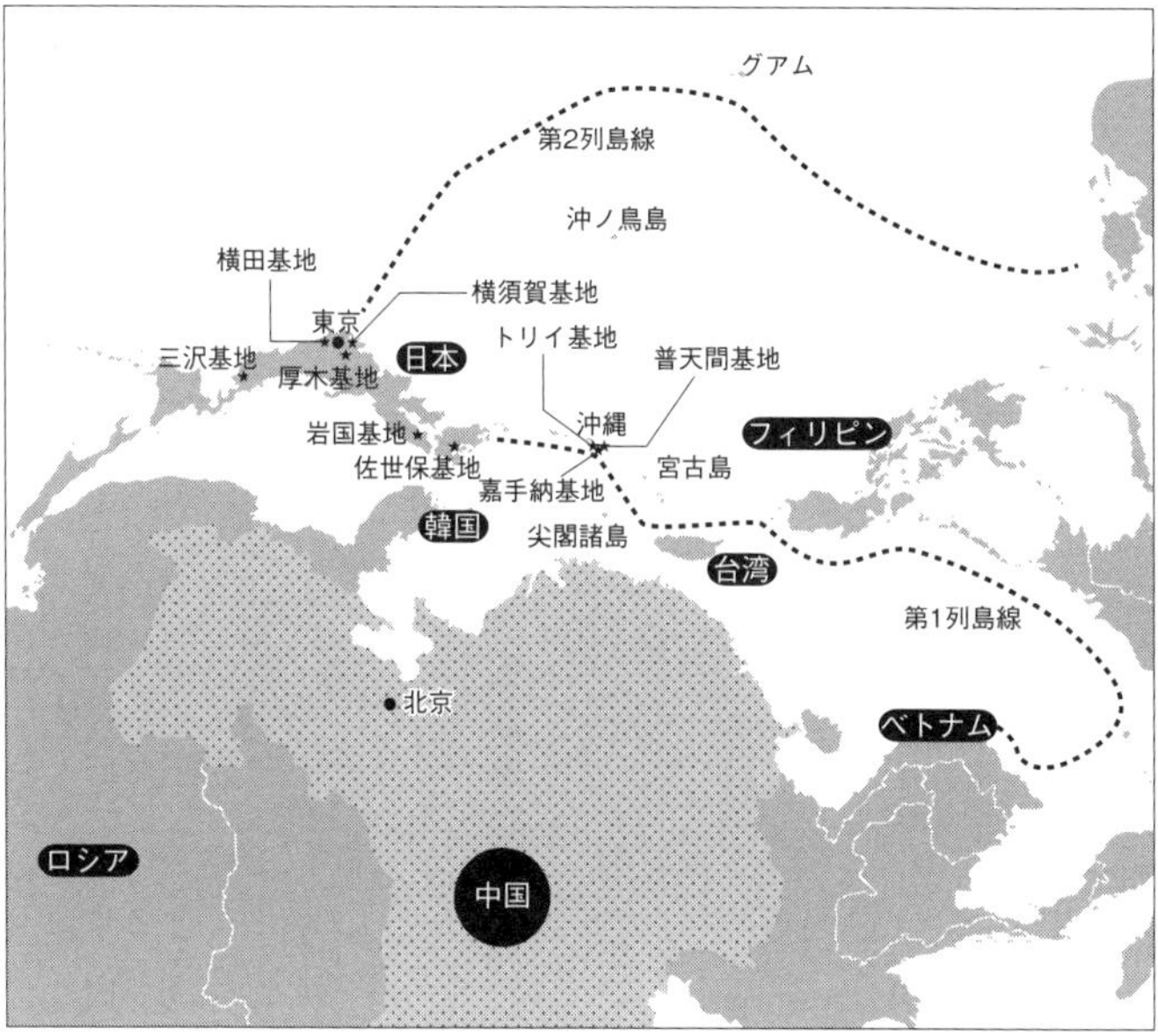

中国から見た日本。西太平洋進出に、在日米軍基地がジャマなのがよくわかる

複数の専門家たちに聞いてみましたが、あまり、良くないですね。

――良くないと言いますと……。

台湾出身の民進党の陳水扁《ちんすいへん》総統の時は、台湾独立をぶち上げ、中国とは、「不交渉」、「不談判」、「不妥協」の三不政策を取っていました。

しかし、中国本土から来た外省人である国民党の馬英九《ばえいきゅう》総統になり、2008年12月から、中国が三通と言う「通商」、「通航」、「通郵」政策に変わりました。

――それは、どんな政策ですか？

台湾と中国の間で、通商とはビジネス、貿易をすること、通航とは、お互いに行き来すること、通郵とは、郵便、送金することです。

――要するに、通常の友好的な二国関係に中国と台湾がなったということですね。

そうです。逆に、米国にとっては、習国家主席と馬総統の友好関係は非常によろしくない。

「台湾は空母20隻分の価値がある」

――しかし、中国にとってはとても都合がいいと。

そういうことです。

中国は漢化政策といって、新疆《しんきょう》ウイグル、チベットの各自治区には、大量の漢民族を送り込んでいます。

三通以降、台湾には、年間３００万人の観光客と約2万人の留学生が、中国から押し寄せています。漢化政策ですね。

さらに、今、台湾の輸出の約40％は対中国になっています。

台湾が中国に獲られるのは時間の問題と言えるでしょう。

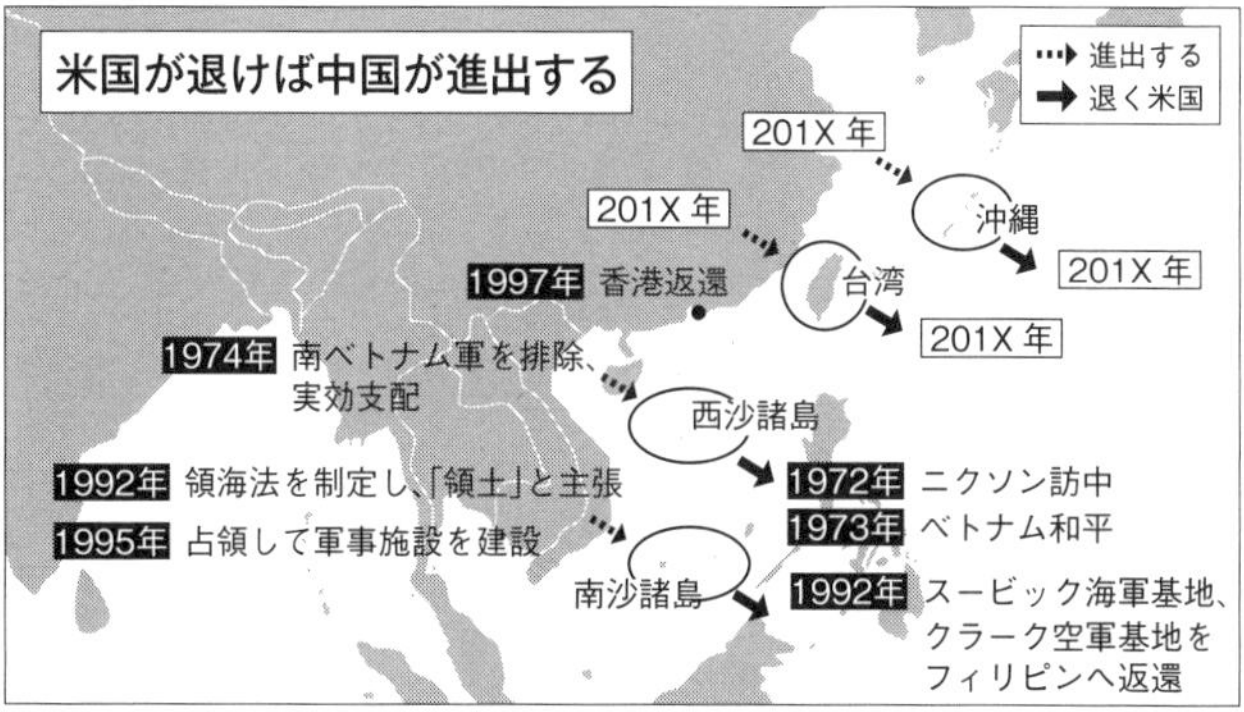

米国が退けば中国が進出する

かつて、マッカーサー元帥は、「台湾は空母20隻分の価値がある」と言っていました。中国が台湾を手に入れると、東シナ海、南シナ海に空母20隻を手に入れたのと同じになるという意味です。

――米軍との戦力バランスは完璧に中国に傾きますね。

そうなります。

――中国の国家主席の任期は一期５年で、最大二期、10年です。習主席は、最長２０２２年までやれるとすると、いつごろ、中国は台湾を手に入れるのでしょうか？

たぶん２０２０年が一つの節目でしょうね。

在任10年として、最後の２年を残して、最後の仕上げに入る。

習自身も演説で、「中国の大国としての自信を取り戻す」と言っています。

この意味を簡単に言うと、台湾を取り戻して自国のものとして、さらに、かつて中国を侵略した日本に復讐し、アジア全域を支配下に置くという国家指針の表明です。

――日本には復讐……。

だから、日本は台湾の次です。

かつて中国の目標は、イギリスに支配されていた香港だった。１９９７年、その香港は取り戻しました。

次が、台湾。そして、沖縄、日本です。

――日本だけが、復讐相手なんですね？

そうです。日本は色々と、やりましたからね。

――尖閣は単なる最初のジャブで、次は、完璧に日本を叩き潰すＫＯパンチが来るのですか？

習主席のままならば、そうです。

――隣国に復讐してやるっていうのは、珍しいですか？

よくあります。遠交近攻です。イギリスとフランス。フランスとドイツ。長年の恨みが募っている隣人は結構います。

日本の場合は、中国だけではなく、韓国、北朝鮮もそうですから。

順番的には中国が最初に来るだけですよ。

――日本国内の駅前交番に、日本人のお巡りさんではなく、ＡＫＭの中国版56式軍用自動小銃を持った、所属は中国人民解放軍の人民武装警察官が立つ日も来るかもしれないのですね。

怖いですね、最悪のシナリオです。

米国の中国専門家たちは、中国の、もう一つの台湾併合方法を指摘しています。

――他にも獲る方法があるのですか？

はい。国連の安全保障理事会で拒否権を持つ中国とロシアの2ヵ国が今、非常に接近していて、関係が良好です。

ウクライナ国内のクリミア半島をロシアが軍事力で併合した時、中国は反対しませんでした。

これは、それを認める代わりに、中国が台湾を併合した時、ロシアに反対させないためです。

クリミアは、住民投票で住民の意思として、ロシアに併合された。

この方法で、台湾を獲れるかもしれません。

――そうすると、尖閣、与那国、石垣、宮古と各島々に、漢民族が大量に入ってきた

中国海軍の切り札　将来の国産空母の足掛かりとなったソ連製空母「遼寧」

ら、住民投票で併合されるということですか？

可能性はあります。

内側からの攻撃が外側の攻撃より危険というのは、軍人の常識ですから。

癌細胞のように、気が付いた時には、完全に手遅れになってしまいます。

――それらの手段はいわばソフトランディングの場合ですが、ハードランディングの中国による対台湾武力侵攻の可能性は、どうでしょうか？

米国の中国専門家たちの間では、3分の1の確率で軍事侵攻すると見ています。

孫子の兵法の国ですから、戦わずして勝つというのが最上ですが、戦いの準備も十二分にしています。

自分が、沖縄で演習をやっていた時、中国の対台湾兵器配置図をすべて見ましたが、台湾の対岸の軍区には、いつでも発射できるように、ミサイルがすべて台湾を向いていました。

その準備の周到さは凄いの一言です。

――どんな事態の時に、武力侵攻しますか？

民進党がまた政権を取り返し、三通政策を止めて、中国人をすべて追い出した時。ただ、これはもう国の方針として始めてしまったので、途中で中止するのはかなり困難です。

または、中国が間違いなく台湾を奪取できるだけの軍事力を蓄えた時ですね。

――それはどんな軍事力の指標で推し量れるのですか？

中国が、保有する空母の隻数です。

中国は空母を増やすのか？

中国軍には、台湾有事を想定した軍事ドクトリンがあります。

まず、2個空母機動部隊で、台湾本島を海峡と太平洋の両側から挟み撃ちにし、そしてもう一つの機動部隊で、日米同盟軍の接近を阻止する。

まあ、その同盟軍のほとんどは米軍なわけですが……。

合計で3個空母機動部隊が揃った時ですから、空母の数は3隻ということになります。


——空母が3隻揃うと、台湾に軍事侵攻を開始する。

BDAの法則だと、中国空母3隻に対して、米海軍空母が極東に第7艦隊の1隻だけならば、米軍に撤退の判断が出てきますか?

軍事の法則だと、検討対象になります。


——中国海軍空母が3隻になるのは、いつごろと予測されていますか?

米国で、海軍の専門家たちに聞いてみました。

2024年から2025年ごろに、現在の練習空母遼寧に加えて、プラス2隻で、3隻体制が整います。

ただし、これには、ロシアの軍事協力が不可欠です。


——何故ですか?

ロシアも、空母は一隻だけですよね。

経験と技術が残っています。

中国が最新空母を造るには、ロシアの協力が必要です。
中露関係が今後10年間うまく続けば、それは可能になり、関係が崩れれば、空母はできないということになります。

――中国海軍は、どこまで空母を増強するつもりなのですか？

太平洋の半分を欲しいと言っていますから、米国が持つ10隻の半分、5隻と見ています。しかし、経済的には大変な負担になります。

――だから、空母20隻分に相当する台湾が欲しいのですね。

そうです。中国にしてみれば、数字的に理に適っていますからね。

――台湾が、２０２０年代に落ちれば、23隻体制となる。これは、恐ろしい。

世界戦略はチェスですから、あらゆる手を考えて、手を打ってきます。
だから、中国が台湾を獲ると、今度は、尖閣、そして、与那国からドミノ倒しで、宮古島まで、「ここは、昔から台湾のものだから、今は、中国の領土だ」と言い出します。

――台湾の南、バシー海峡もフィリピンまで、諸島がありますが、こっちも中国領だと言い始めますか？

言い始めるでしょうね。

1979年以降、沖縄に駐留する米空軍のF-15C部隊が、航空自衛隊の空中戦技術向上に与えた影響は大きい

最近日本周辺にも飛来するようになった中国空軍Su-27戦闘機。空戦能力はF-15と同等

——軍事専門家から見ると、沖縄はどうなるのですか？

非常にヤバい状況になります。在日米軍が撤退する大きな理由の一つとなるでしょう。

とりわけ沖縄米軍ですね。

——中国は沖縄が欲しいのですか？

欲しいです。西太平洋への出口、それから、太平洋戦争と同じで、日本侵略の足掛かりになりますから。

——一番邪魔なのが、沖縄米軍。

まったくその通りです。

ほっといても米軍はいなくなる

——台湾が中国に獲られた場合ですが、具体的にどうなります？

沖縄米軍・嘉手納基地の米空軍は、航空優勢が崩れない限り、留まります。

——台湾から、どのような攻撃手段が、中国にはありますか？

長距離爆撃機は届きますが、戦闘機は……。

——大尉殿、民間航空のマイレージサービスを見ると、那覇—台北は４０７マイル＝６５１・２キロで、戦闘機は十二分に届きませんか？

沖縄上空で、10分以内の戦闘しかできませんが、距離的には、思いっきり来られますね。

——さらに、宮古島の西隣りの下地島には、大型旅客機の離発着訓練用として、長さ３０００メートルの滑走路を持つ空港があります。

そこを獲られたら、最悪です。沖縄は獲られたも同然です。

嘉手納米空軍は、逃げるか、潰し返しに行かないとなりませんね。

——どこに、撤退しますか？

岩国、厚木、横田、三沢、または、国外ならば、グアムですね。

——さすが、マッカーサー元帥の言う、「台湾は空母20隻分の価値」です。

台湾が中国に獲られなくても、沖縄・嘉手納基地の航空優勢が崩れるケースがあることが、米空軍専門家たちに聞いて分かりました。

――それもＢＤＡ分析ですか？

そうです。

中国空軍が保有する、戦闘機の数です。

中国空軍戦闘機が２０００機を超えた時

米国の空軍関係者と専門家たちに聞いてきましたが、簡単に言うと、長射程の空対空、空対艦ミサイルを搭載可能な、航続距離４０００キロを超えるスホーイ系戦闘機が２０００機を超えれば、極東のＢＤＡは３対１になるとの試算です。

――ロシアから輸入したＳｕ-27の中国版Ｊ-11Ｂですね。

２０１２年の報道によると、当時で１２０機保有、２０２０年には１０００機になるとの予想でした。

中国はこれを最終的には２５００機、欲しいらしいです。

――今、米国では、２０００機になるのはいつごろだと、予測されているのですか？

中国の経済成長率が落ち続けているので、予測が非常に困難になっています。

しかし、資本主義国家ではないので、無理が利きますからね。

今の国際情勢の空気のままだと、２０２０年には、２０００機になるだろうと、予想しています。

——となると、ＢＤＡを元にした日本国周辺の航空優勢はどうなりますか？

対空ミサイルと対艦ミサイルを搭載できますから、米軍基地だけでいうと、嘉手納空軍基地、佐世保軍港、岩国海兵隊航空基地が、ヤバくなります。

——航空優勢が保てなくなると、撤退するのですか？

検討の対象になります。韓国で米軍がやったのと同じ手を使います。

米軍が後方に下がった分、韓国軍を補強した。

だから、日本にヤバそうになった部分を任せて、下がる。

嘉手納、佐世保、岩国の戦力分ですね。

空軍に関して言えば、米議会が、「日本のF‐35配備は、今は42機だが、さらに買わせれば、嘉手納、岩国はいらないだろう。

だったら、日本の連中にやらせろ。その分、ウチのは下げて、支出を減らして、借金の返済に充てろ」と言うでしょう。

——まさに、米国のタックスペイヤーの国民からしたら、正論ですね。

しかし、この２０００機の大増産を中国がやろうとするには、これもロシアの技術援助が不可欠です。

地上最強の戦闘マシーンの米海兵隊兵士

中露は基本的に仲が悪いのですが、昨今の国際情勢と今後の都合で、利害が一致しています。

――ユーラシア大陸枢軸でありま す。

もう一つ、問題があります。

中国軍は装備が非常にアンバランスな斑《まだら》模様になっています。

2020年までに2000機に増やして、最終的には2500機といっても、パイロットの教育をどうするかです。陸軍の歩兵だったら、行軍をやらせて基礎体力をつけさせ、ある程度の射撃訓練をやらせれば何とかなります。知能指数が多少平均以下でも融通がききます。

アメリカは本土から地球裏側までB-2ステルス爆撃機を使って攻撃することができる

ですが航空機を操縦するパイロットはそうはいきません。まず平均値以上に高い知能指数と1・0以上の裸眼視力等が求められます。戦闘技術が高度になればなるほど、人材は反比例して少なくなっていきます。米軍においては、ヘリコプターの操縦士ですら、Aviation Physical（航空要員用身体検査）をパスしなければなりません。

――航続距離４０００キロの戦闘機が２０００機。

仮にこれが、２０２０年に揃うと、沖縄だけではなく、九州一体もヤバくなりませんか？ 因《ちな》みに、福岡―上海の民間航空のマイレージは、５４５マイル＝８７２キロです。

海兵隊上陸部隊を上空から攻撃支援するAH-1S攻撃ヘリコプター

九州一体、そして岩国飛行場もヤバくなります。

沖縄米軍の転進先

既に、沖縄米海兵隊は、グアム、オーストラリアの線まで下がるように計画が動き出しています。

――制空権なき所には、地上兵力を入れないという米軍のドクトリンを先行させていますね。

そうです。

それに続いて、嘉手納米空軍は、グアム、さらに、２０１４年４月協定が結ばれたフィリピン・クラーク基地に下がります。

――一気にですか？

海兵隊両用作戦の輸送の主力機CH-53大型輸送ヘリコプター

まず、HVT（High Value Target：高価な標的）であるF-22ラプター、B-2爆撃機を下げますね。

その次に、旧型のF-15を下げます。

――F-15は、嘉手納に50機あります。クラークにまず、25機下げて、グアムに25機。

何かあれば、左右の拳となって、F-15が働くようにします。

――既にグアム、オーストラリアに下がっている海兵隊は、どうなりますか？

キャンプコートニーの司令部は残しておきます。

自分が現役の時に、沖縄とハワイとワシントンDCを秘匿回線で結んだ合同会議に参加しました。距離が離れていても、問題ありません。

司令部と部隊が離れていても、問題はないんです。司令部はどこへでも置けますから。

——すると、辺野古の新基地の米海兵隊ヘリコプター部隊はどうしますか？

あそこは、色々と問題があるから、フィリピンに下げておくべきです。

——米国の海兵隊の専門家たちも、そう言っているのですか？

知人の外交関係者は「在沖縄米軍の半数をフィリピンに移動させるのは、世界情勢の流れから判断しても当然だろう」と言っていました。

実は、政治・軍事的なことをすべて抜きにすると、このヘリ部隊は、台湾の太平洋岸に駐留するのが一番好都合なのです。

今は、それが現実的には99％無理なので、専門家たちの意見としては、沖縄から出るのであればフィリピンがベストだろうと。フィリピンは、数千の島からなっている国なので、非常に守りに適した地形なのです。

中国軍からは攻めにくい場所に基地を作れるわけです。

——適地ですね。

基地を設営する場所を探すには、米軍はＰＭＥＳＩＩ（ペミシー）という方式で分析します。

これは、

「Political, Military, Economic, Social, Infrastructure and Information systems」

の略です。

Pはポリティカルで、政治。

Mはミリタリーの軍事。

Eは、エコノミーの経済。

Sは、ソーシャルで、地元社会。

二つのIが、インフラとインフォーメーションです。

それぞれのチームが、専門分野で分析するわけです。

そして、「PMESIIのスコアはどうなっている?」と上は聞いてきます。

こういうのを、「Effects Based Operations」と言います。

——「効果的な基地の場所を見つける作戦」ですか?

そうです。

自分の会った国務省や軍関係者は、みな、沖縄の辺野古移設に関しては、「一度、

野戦訓練中の米陸軍グリーンベレー第1特殊部隊群

決まったことが何度もひっくり返る、あんな下らない調整には、飽き飽きしている」と言っていましたね。

——日本人相手に下らない交渉をするのに辟易《へきえき》している。

はい。

だから、このPMESIIで、フィリピンのほうが断然良いですよという報告が出たら、喜んで出て行きます。

例えば、もし、日本の財政が圧迫され、「おもいやり予算」がなくなったり、削られたりしたら、それはPMESIIのEの部分に思いっきり当たるので、現実味はさらに増すはずです

面倒な沖縄の土地を離れて、歓迎してくれる場所に行く。

——即ち、米軍は必ず、合理的に動く。

そうです。

米軍が出て行ってから、「どうしよう、戻ってきて」と思った時には、戻ってこない。もう、遅いです。

——日本は、ベトナム、フィリピンの先例を学ばなければなりませんね。

本当に、そうならないことを祈っています。

——沖縄トリイ基地の米特殊部隊グリーンベレー1/1SFGは何処に？

1/1SFGはフィリピンに行くでしょう。

国務省の高官から聞きましたけれど、フィリピン側はスービック湾の借地料を吹っかけてしまった。それが、米国が撤退する理由だったらしいですね。

だから、フィリピンは、目先の利益で判断して米国の撤退を招き、結局中国の南シナ海での横暴を引き起こしてしまったことに懲りて、今回は、1/1SFGを手厚くもてなすでしょうね。

——すると、沖縄グリーンベレーの引っ越し先は、相思相愛のフィリピン？

ロケーションは最高です。

——ベレーがここに行くと、きっとフィリピン陸軍兵士のレベルは上がりますね。

上がります。1/1SFGはインストラクターですから。

実際に今までも教えていて、一緒にミンダナオ島に行って、共産ゲリラをガンガンに殺していますから。

これは米軍内では、OEF（Operating Enduring Freedom）-Philippines（フィリピンにおける不朽の自由作戦）と呼ばれています。

「不朽の自由作戦」はアフガニスタンだけではなかったのです。

NPA（新人民軍）、MILF（モロ・イスラム解放戦線）もすべて、国軍が駆逐しましたから。

自分はそのすべてを見ていましたけれど、凄かったですよ。

何しろ、OEF-Philippinesの中心になったのは、勇猛で知られる在沖縄の米陸軍第1特殊部隊群第1大隊でしたから。

この第1特殊部隊群とフィリピン軍の結びつきは今、とても、強固なものになっています。

米軍ベトナム基地ふたたび

今、現実的に、フィリピンに米軍が展開し始めています。

米空軍三沢基地に配備されているF-16C戦闘機

自分ならば、南シナ海の対岸のベトナムに、米軍基地を作ります。

これに関しては、米空軍の専門家たちに聞くと、「地理的に申し分のない最高の位置にある」とのことでした。

——それは、何故ですか？

南シナ海で、中国を南側から牽制《けんせい》できる。

さらに、東側のフィリピンと、西側のベトナムで、海洋進出する中国を挟撃できます。

——旧南ベトナムには、ダナンとか、米軍基地が昔、沢山、ありました。

そうです。

当時のデータは、すべてあります。整備しなければなりませんが、使える場所はとても多いです。

——負けた戦争の戦地に米軍が戻るというのは、どうなのですか？

もう負けたトラウマは、米国にはありません。

その当時に関わった人たちはもう、現役を離れていますから。

新しい世代が北ベトナムの親玉であるソ連を崩壊させて冷戦に完全勝利し、共産主義をほぼ駆逐しました。

——その発想、一人の日本人民間人の自分には、理解できないでありま
す。しかし、彼らはそう、考えるのですね。

そうです。

ただし、ベトナムは社会主義国で、北朝鮮と国交があったりと、政治・外交的には少し問題があります。そこさえクリアすれば、何とかなります。

ベトナムとフィリピンから、米軍が睨《にら》みを利かせれば、中国も今までのように勝手なことはできません。

——最初に、ベトナム派遣米軍部隊となるのは、米空軍ですか？

カムラン湾を押さえるために海軍です。シンガポールみたいな基地を置いて、次に、対潜哨戒機を派遣します。

——海から押さえる。

そして、F-15、または、F-16の12機の半個飛行隊からなる戦闘機部隊をローテーションで、ベトナムに派遣します。

——中国は嫌でしょうね？

思いっきり、嫌でしょうね。

中国は南シナ海で譲歩するかもしれません。

佐世保基地に配備され、海兵隊を輸送する強襲揚陸艦BHR

ドック型揚陸艦デンバー

米海軍強襲揚陸艦ボノムリシャール（通称BHR）
米海兵隊をヘリまたは舟艇で、敵が占領している地域に上陸させる

――しかし、そんなにすんなりとベトナムは承知しますかね？

米国はやる時は強引です。

9・11の後にアフガニスタン進攻の際、パキスタンを強引に「こっち側に付かないとお前もテロ国家にするぞ」と脅して、無理に味方に付けました。ご存知のとおり、パキスタンはタリバンの生みの親であり、アボダバードのUBL（ウサマ・ビン・ラディン）殺害事件でもわかるように、UBLを匿うほどの親密な仲であったにもかかわらず、です。

――す、凄いですね。

強引な国です。ベトナムを味方に付けるのは米国にとって、朝飯前の恫喝《どうかつ》です。

余談になりますが、民間の司法取引でも同様の手法を使います。

――どんな手法ですか？

司法側が、「罪を認めれば執行猶予のみだが、認めないなら合計で懲役２００年を求刑するぞ!!」

といったような、滅茶苦茶な司法取引が行われています。

相手は懲役２００年を求刑されたら、堪《たま》ったもんじゃないですから、その司法取引に応じるしかないわけです。良くも悪くもアメリカ流です。

――逆を考えると、見捨てる時も凄く早いというわけですか？

まさにその通り。

――それが、日米同盟の日本を相手にしても、ですか？

はい。強引に見捨てます。そういう国なのです。

申し訳ありませんが……。

撤退計画は朝鮮半島の情勢次第――『佐世保基地・岩国飛行場』

――それでは、次に本土の米軍基地についてお聞きします。まず佐世保には、沖縄に駐留する米海兵隊の遠征軍を乗せる強襲揚陸艦《ようりく》を擁する艦隊がいます。

先ほど、「航続距離4000キロの戦闘機が2000機。仮にこれが、2020年に揃うと、沖縄だけではなく、九州一体もヤバくなりませんか？」とお聞きしますと、『既に、佐世保軍港にいる米海軍の海兵隊揚陸艦隊、岩国飛行場の海兵隊戦闘機部隊も、BDA分析では、ヤバい状態になっています』とありましたが、これはどうなるのでしょうか？

ここの戦力を動かすには、朝鮮半島の状況分析が必要となります。

——と、言いますと？

元々、沖縄駐留の米海兵隊遠征軍は、半島有事のためにあった戦力でしたから。

——北朝鮮の現状はどうなのですか？

張成沢《チャンソンテク》が処刑されて、北朝鮮は中国とのパイプがなくなったとか、色々と言われています。

しかし、北のエネルギーと食料の70〜80%を供給しているのは、中国です。

根本的な関係はほとんど、変化がないと見ています。

だから、「お前ら、いい加減にしろ」と言って、中国がその供給を止めれば、北は1年と持たない。

岩国基地に配備されるAV-8Bハリアー攻撃機。強襲揚陸艦に搭載される

中国にすれば、北は、とても使い勝手の良い国なのです。

偽ドル札を作っているのは、本当は中国らしいのですが、北のせいにしていますから。

スケープゴートにできる国がなくなるのは、困りますから、生かさず殺さずですね。

——三代目金正恩《キムジョンウン》将軍は、中国の言うことを聞かないと言われていますが?

エネルギーと食料の70~80%を握られています。言うことを聞かないわけはありません。

——すると、三代目金将軍は、言うこと聞かない「キャラクター」。

丁度、プロレスラーのタイガー・ジェッ

岩国基地にローテーション配備されるF/A-18C戦闘攻撃機対地支援攻撃の主力

ト・シンと似ています。

彼は、リングでは、サーベルを振り回して、何をするか分からない狂暴なキャラですが、控え室に行くと紳士で、雇い主のジャイアント馬場にはちゃんと挨拶する。

旧《ふる》すぎる例ですが（笑）、大筋ではそんな感じでしょう。

――中国からの指示が失敗しても、「いや、何をするか分からない指導者だから」と言って、暗殺してしまえば、良いということですか？

そうです。だから、北は中国には便利な存在です。

――しかし、その北が、エネルギーと食料を止められても南侵したら、どうなりますか？

F/A-18D戦闘攻撃機の部隊は、夜間の対地支援攻撃や写真偵察任務なども担当する

自分は、米韓合同演習に参加したことがありますが、中国抜きだと、北朝鮮軍は航空戦力と海上戦力が微弱なので勝ち目はまったくありません。

徹底的な北朝鮮の敗戦です。

しかし、中国が出て来ると、朝鮮戦争の二の舞になる可能性があります。

——中国が、台湾と韓国を同時に手に入れるケースは?

考えられます。元々、アジアを制覇したいのが、中国の野望ですから。

しかし、米韓同盟がありますから、向こうが勝てる可能性は少ないです。

だから、中国は今の所、半島では現状維持を望んでいると、米国の専門家たちは判断しています。

――すると、半島有事はない……。

予測不能な偶発的に発生する可能性を除くと、双方は今、戦争を望んでいません。

――しかし、将来、２０２０年には、航続距離４０００キロのＪ－11Ｂ、２０００機が、九州まで飛来し、攻撃範囲に入る可能性もある。

そして２０２５年ごろには、中国海軍の３個空母機動部隊が、制海権を押さえにかかってくると予想されます。

そうです。

――別の話なのですが、佐世保軍港の出口である五島列島のある島の奥深くの湾に、数百隻の中国漁船が嵐から避難すると言って来たことがあります。

もしこれが武装民兵だったら、佐世保軍港の出口辺りを数百隻の漁船で塞ぐことも可能です。

中国らしい発想です。

でも米軍は無理やりにでも、開けますよ。

――しかし、肝心の搭乗する海兵隊員は、遠くグアム、オーストラリア。さらに、強襲揚陸艦まで運ぶヘリ部隊はフィリピンですよ。

制空権のない所に、陸上兵力を入れないドクトリンに従うと、揚陸艦隊は、フィリ

三沢から離陸する米空軍F-16、朝鮮半島への爆撃が主任務

ピン・スービック湾に下がります。

――岩国飛行場のAV-8BハリアーⅡと、F／A-18ホーネットは、どうしますか？

ハリアーはフィリピンへ、ホーネットは半分はグアム、残りはフィリピンですね。

三沢基地の隠された価値

三沢基地は、敵としては非常に嫌な場所で、一番、潰したい標的です。

――三沢がですか……。

ロシア空軍の飛行ルートで、三沢まで南下するルートがあるのですよ。

――東京急行ではなく、三沢特急のような感じですか？

はい。

それから、北朝鮮のミサイルも、三沢の真

三沢基地のF-16戦闘機は、敵の防空レーダー網を制圧する「目つぶし」の役割がある

上辺りを通過しています。

だから、三沢は潰されたら、米軍にとってもとても困る場所なのです。

——そんなに米空軍のF－16戦闘爆撃機、36機でも怖いのですか？

いいえ、三沢にはセキュリティ・ヒルと呼ばれるレーダー群があります。

——それは、なんですか？

詳しいことは言えません。

とにかく、そこを潰されると、米軍の目と耳がなくなるのと同じになります。

——すると、ここの撤退はないのですね？

いえ、あります。

何らかの理由で、米軍がこの目と耳が必要なくなった時です。

——深海に潜む原潜と通信するための、

「象の檻」と呼ばれた超長波受信施設が、何らかの技術革新で必要がなくなり、返還されたのと同じですね、きっと。

きっと、そうでしょう。

――すると、敵も進化して、新兵器を繰り出してきます。２０１４年１月に、中国が実験したマッハ10の速度を持つ超高速飛翔体ＷＵ－14が、実戦配備された場合はどうですか？

米軍が持つ同等の武器の性能を凌《しの》ぎ、確実に三沢がやられるとなれば、撤退します。

――すると、Ｆ－16飛行隊は？

セキュリティ・ヒルに比べれば小さな問題ですが、今後、北極海を巡って、米露の駆け引きが激しくなると、ベーリング海峡を臨むアラスカに下がりますね。

横須賀・第７艦隊だけは絶対に必要――『横須賀基地・厚木飛行場』

――残るのは第７艦隊です。

かつて、政治家の小沢一郎氏が、「日本にいる米軍は横須賀の第7艦隊だけで十分」と言ったのはある意味、的を射ています。

横須賀の米海軍第７艦隊　在日米軍の要だ

米海軍第７艦隊空母ジョージ・ワシントン
全長333m排水量10万5000tの巨艦。艦載機数85機。１艦で、ベルギー空軍や、スイス空軍全てに匹敵する戦力を持つ

ここ、横須賀は絶対に必要です。

――中国の中距離ミサイル攻撃によって横須賀・第７艦隊が第２のパールハーバーになる可能性はどの程度ありますか？

米国内で、米海軍とミサイル専門家たちに聞きましたが、現在、恐らく中国は、８００〜９００のミサイル発射台を持っています。

その内の１００〜１５０が、在日米軍向けと予想されています。

――これらのミサイルは、すべて撃墜できますか？

それは、日本式のミサイル・ディフェンスの発想です。

米軍は、フェイズ・ゼロ、即ち、発

射前の段階で叩きます。

――どうやるのですか?

第7艦隊の攻撃型原潜には、トマホークが200発搭載されています。当然、核弾頭も搭載可能です。

因《ちな》みにどの原潜が何の弾頭を何発積んでいるか、これは最高機密です。ターゲットリストには、中国の司令部とミサイル発射台100~150の情報すべてが入っています。

先に司令部、つまり、C2 (Command and Control) を潰して、指令系統を分断します。だから、ミサイル発射台のほうでは発射の命令が来ないので、撃てません。

なので、潰せます。

――命令は来ないまま、100~150ある発射台には米軍のミサイルが正確に飛来して、潰される。

問題ないです。第7艦隊をなめてはいけません。

――すると、横須賀停泊中の第7艦隊が、中国の中距離ミサイルによるパールハーバーにはならないのですか?

横須賀停泊中の第７艦隊旗艦ブルーリッジ
高度な通信施設を備え、艦隊の洋上司令部となる

まだ、大丈夫です。

——まだと言いますと？

中国海軍が、潜水艦発射型弾道ミサイルＪＬ‐２のような長距離高性能ミサイルを実戦配備するまでです。

以前にも述べたように、敵国に初弾を叩き込むのは、ＳＬＢＭ、潜水艦発射型の弾道ミサイルです。

——射程はどのくらいなのですか？

今、搭載しているＪＬ‐１は、射程２０００キロですが、ＪＬ‐２は、１万２０００キロです。

——６倍に増力。

大回りして、ハワイの手前から、横須賀を撃てます。

——太平洋のどこからでも、ハワイ・パ

中国海軍094型晋級戦略原潜
中距離弾道核ミサイルを搭載している

ールハーバーを撃てるじゃないですか!!

可能ですが、まだ、中国海軍には絶対数と経験が足りません。

潜水艦の運用は米海軍の方が断然、まだ上です。

――しかし、今の中国原子力潜水艦は、ロサンゼルス級の静かなキャビテーションノイズになりましたよ。

所詮、スクリューです。

米海軍の原潜は第4世代のウォータージェットですから。

中国の開発している第5世代戦闘機と同じで猿真似《さるまね》レベルです。肝心の部分の技術が中国にはありません。

この辺りが共産主義の限界でしょう。

――中国海軍原潜が、拮抗《きっこう》してくるの

は、いつごろと予測しているのですか？

海軍能力をオーケストラにたとえると、分かりやすいです。

バイオリンが巧い演奏者がいる。そしてこっちに、ビオラが巧い演奏者。かれらが単独に奏でていては、オーケストラの戦力になりません。指揮者の指揮の下、全員で力を合わせて、巧い演奏ができないと、交響曲を奏でられるオーケストラになりません。

海軍戦力はこれと同じです。

中国海軍の空母が２０２５年ごろに３隻就役すれば、艦隊としての海軍戦術が分かってくるでしょう。

そこには、原潜の使用方法も含まれます。

最低、使いこなすのに10年かかるとして、横須賀を攻撃できるようになるのは、２０３５年ごろになります。

——そうなった場合、横須賀から第７艦隊がどこかに撤退することはありえますか？

敵の脅威が大きくなってきたので、数を減らすとか、分散することは考えられます。

——どこが、考えられますか？

フィリピンのスービック湾に横須賀と同様の施設を造って、完成したら、そちらに移る可能性はあります。

即ち、フィリピンと横須賀に第7艦隊を分散させます。

さらに、危険だと判断すれば、その後方にあるハワイを使います。

――中国はつねに動いていますからね。

中国は、ハワイ以西の太平洋を支配することを目指して、すべてを動かしています。

――2035年とすると、2020年くらいから第7艦隊は動き始めますか？

先手必勝ですから、2014年の今年、今の瞬間でも何らかの動きを、米海軍はしているとだけ、申し上げておきます。

米軍にとっての真の「強敵」

――中国の他に敵がいるのですか？

対中国以前に、米海軍空母機動部隊は、米国内で恐るべき事態になろうとしています。

――それは、何ですか？

横須賀から米空母が撤退すれば、厚木の艦載機も全機撤収する

地球温暖化で、北極海ルートが開発されます。

するとここに米海軍が監視しなければならない海域が一つ、増えるわけです。

この海域は、ロシアが躍起になって制海権を欲しがっていますから、米海軍の仕事が増えてしまう。

どうも、中国とロシアは国家戦略・軍事戦略レベルで、太平洋、東シナ海と南シナ海、インド洋は中国に任せて、北極海はロシアのものだという線で、話が付いたらしいのですよ。

――だったら、米海軍も、空母を増強すればいいではないですか？

今、米海軍空母機動部隊の戦いの正面の相手は、米議会です。

空母ジョージ・ワシントンに搭載されるF/A-18Fホーネット。対地攻撃の主力

――えっ‼ そうなのですか？

先にも述べたように、米国は金がありません、削るのは軍事費しかないのです。

だから、とにかく、金が掛かる空母の数を減らそうとしている。

これに対して米海軍の将校たちは、

「空母を減らすのは米国の覇権を減らすことだから絶対にできない」

と言っています。

これは、自分もそうだと思います。

しかし、民主主義なので、議会の決定は絶対ですから、2～3隻、減らすかもしれません。

――最悪の場合、空母7隻のケースもありうる。

米国の今後の経済状況次第で、その可能

性はあります。

そうなると、日本への影響もあります。

――横須賀から第7艦隊撤退ですか？

そうです。しかし、それだけではありません。

米議会は、3隻減らしたら、減らす代わりに、日本に金を使わせろとなります。

――何に、使わせるのですか？

空母用のF-35Bを買わせて、軽空母を持っていいよ、となるでしょう。

日本が空母を持つ、持たないは米国が決めますから。

――しかし、それには相当、金が掛かるので、持つことは日本は諦めたはずです。

相当の金が、米国に入るのだからこそ、日本に使わせるのです。

――米国が、OKを出してくれても、日本国内に反対が出ます。

米国は本当に怖い国ですから、日本国内の反対勢力だろうが、何だろうが、その気になれば、全部、抑えます。

自分の信じる正義のためならば、何でもやります。

そういう国ですから。

宇宙では中国がやりたい放題

——米中の間には、宇宙戦争の可能性もあると言われていますが、それはどういうことですか？

米中では、現実の話です。２００７年に中国は衛星撃墜実験をして、成功しています。

これには、さすがの米国軍人、専門家も、ヤバいと思いましたね。

さらに、２０１３年、打ち上げた衛星は、ロボットアーム付きで、別の衛星に接近して、それを摑む実験をしています。

これは、米国の軍事衛星を破壊、もしくは、使用不能にする研究をしているのではないかと、専門家は見ています。

中国は、既に、20個以上の軍事衛星を打ち上げましたが、そのうち十数個は、２０１３年のことです。さらに中国は同様の理由で自国の衛星から米国の衛星に向けて、レーザーを照射する実験も行っています。

凄まじい勢いで、中国は宇宙の主導権を握ろうとしています。

——それは、何故ですか？

孫子の兵法には「其の無備を攻め、その不意に出ず」とあります。無備な所を攻撃する。

――その場所が、宇宙なのですか？

中国は、米国に勝つには、宇宙を何とかしないといけないと判断したと思われます。自分も軍人として、そう思います。

例えば、中国には、「北斗」という中国版GPSがあります。同時に、米国のGPSを妨害または、使用不能、さらには破壊する研究もしています。

――大変、危機的な戦況と見ていいのではないですか？

結論から言うと、中国は、米国を叩くには、衛星を使用不能にするか、破壊するかが、戦争で勝利する一番の近道だと判断したようです。

――その判断は、正しいのですか？

正しいです。敵ながら賢明な判断です。

実際にその通りで、米国のUAV（無人機）を含めたすべての兵器・通信機器は、宇宙の衛星がないと動かないものばかりです。

――２００７年には衛星を破壊できる力を中国宇宙軍は持っています。

米国の専門家によると、宇宙では、米国が主導権を握るのが最初だったので、規則をあまり作っていないらしいのです。

だから、それに乗じて、中国はやりたい放題なのです。

——ノールールの宇宙のリングに、中国は上がってきた。

そうです。中国に、「お前、それは、反則だろ?」と米国が言っても、

「何のルールも、ここ、宇宙空間にはないだろ?」と言える。

——米国がノールールのリングを作っていたのですからね。

そうです。だから、宇宙は中国のやりたい放題です。

——米国は、中国のルール無用の攻撃を恐れているのですか?

それをやられると一番嫌なので、思いっ切り恐れています。

——全宇宙ではなく、中国と西太平洋の上の宇宙だけを有利にするには、どうしたらいいですか?

簡単に言うと、その宇宙域にある米軍の使用衛星を壊滅させれば、米軍兵器はすべて使えなくなります。

——宇宙空間では、中国軍の方が強いのでは?

アッパーハンド、上手《うわて》であると言っておきましょう。米国のように世論やメディアを気にする必要がありませんし。

しかし、宇宙開発には、金が掛かります。資金繰りが苦しいと、それらの兵器は使用不能になります。中国の経済も砂上の楼閣ですから、盤石《ばんじゃく》ではありません。

――しかし、宇宙の制空権とも言うべき制宙権を獲られたら、さすがの米軍もまったく動きがとれなくなりませんか？

ダメです。まったく機能しません。

――中国は、それを狙って来ませんか？

来ます。まさにそれをやって来ています。

――米国は今、自前のシステムで、宇宙空間に人を運ぶ有人システムを持っていません。スペースシャトルは、運用を中止しました。

そうです。存在しません。

――米露の対立で、宇宙ステーションの乗組員をロシアに人質にされますからね。

オリオン宇宙船、アルタイル月着陸船などからなるコンステレーション計画などがありますが、予算が厳しいから、こういった計画は中止になりました。

現在は民間業者に委託して一時凌ぎを行っている状態です。

――中国は有人宇宙船システムを持っています。

地球周回軌道上に有人宇宙船を上げられますが、今、米国は持っていません。

中国が宇宙の主導権を握ろうとしています。

――危険じゃないですか!!

現代の個人レベルで考えると、ネットとスマホが使えなくなったら、一般人はパニックになるでしょう。

――はい、混乱します。

米軍がその状態になるのですよ。

――するとですね、西太平洋上空で米国の軍事衛星がどんどんと謎の墜落か、機能停止し始めた時が、米中戦争の始まりと思えばいいですか?

嫌なこと言いますね。しかし、怖いな、それ。

――続いて、GPS衛星が機能停止。

第4世代の原潜は、衛星に頼っているので使えなくなります。

――安心した中国ミサイル部隊は、横須賀の第7艦隊と厚木の飛行部隊、三沢のレーダー施設とF-16部隊にミサイルを叩き込む。

衛星に頼るF-22ラプター、早期警戒機も飛べないから、2000機あるJ-11Bを発進させて、一気に、嘉手納空軍基地を爆撃、佐世保の海兵隊用の揚陸艦隊を撃沈、岩国飛行場を爆撃して、海兵隊航空部隊を全滅させる。

そう、なるでしょうね。

衛星、ネットに頼れば頼るほど、それがなくなった時のリバウンドが大きくなる。

——もし、中国の軍事衛星攻撃衛星が、短期間ですべて、米軍事衛星を撃墜できると分かったら、在日米軍はハワイまで、下がりますか？

下がります。と言うか、衛星がないと下がれませんけどね。

——米国の専門家たちは、宇宙に関しては、どのようなアドバンテージがあると言っていましたか？

今のところは、米国にありますけど……、経済が悪くなれば、資金がなくなれば、中国の宇宙開発のペースも下がるかと……。

——中国は共産主義ですよ。資本主義のルールで動かない。自国民が大勢死のうと、餓死しようと、宇宙開発で米国に勝てると思えば、資金を注《つ》ぎ込みませんか？

中国は、金をぶち込むでしょうね。

米国人は米国の感覚で考えていますから。

——米国の軍事衛星がすべて、ブラックアウトした瞬間に気が付く可能性は？

ゼロじゃないです。使えなくなった瞬間に、分かる。

——第２のパールハーバーは、宇宙からですよ。

「スペース・パールハーバー」

自分がやるとしたら、それをやりますよ、だから、ありえます。

――やってくるでしょうね。孫子の国ですから。

スペース・パールハーバーをやられたら、米軍は手も足もでません。米軍にいた人間ですから、よくそれは、分かります。それをやられたら、終わりです。

在日米軍は、その前に、ハワイまで下がるでしょう。

――その他に在日米軍が、撤退する可能性はありますか？

WU-14のような、新兵器の登場です。

スタンドオフ・ディスタンス、敵との間合いが長くなります。

棍棒から、刀と槍になれば、間合いが変わり、弓ができれば弓の射程距離を考えた。火縄銃ならば、射程は1町、110メートル。騎馬隊は、1町の距離まで接近し、敵が撃てば、再装塡《そうてん》している間に、その110メートルの距離を突撃して、詰める。

このように新兵器が誕生すれば、スタンドオフの距離も変化します。そして通常は長くなるわけです。もちろん、そうなった時には、米軍も同等かそれ以上の長く届く手段を持っているはずですが……。

――WU-14が実戦配備されると、どうなりますか？

在日米軍は、ハワイまで下がります。

――中国は本気でこれを開発しますね。

やります。そして、最後の可能性は、米国大統領に、「在日米軍の撤退」を掲げている共和党のロン・ポール元連邦下院議員のような人物が当選した場合は、大統領命令で、即撤退します。

――米軍最高司令官ですからね。

軍人は、上の命令には絶対服従ですから。

第三章　米軍なしで日本は中国に勝つ！

横田から米司令部要員を乗せたC-130H輸送機が離陸すれば、在日米軍の撤収は完遂する

撤退こそ米軍の基本方針

前章で、米軍は日本から、綺麗にいなくなる過程を考察してきた。

この章では、まずもう一度その行程表をおさらいしながら、在日米軍が日本からいなくなったあとの空白を、日本国とその国民である日本人と自衛隊がどう埋めていくかについて飯柴氏が提言を試みる。

今まで、日本人が思ってみたこともなかった日本のための国家軍事戦略を日本人こそが、真剣に考えてみることが必要だ。

——まず、二章までのまとめですが、「在日米軍が撤退する可能性」について、米国内の専門家たちに、元米陸軍将校の情報のプロの飯柴氏が聞いて回ったら、見事にその可能性はあったのですね？　そんなことはない、と思っているのは、日本人だけ。

そうです。しかし、賢明な日本人には、限定的な案を含めてそういった事態を予測している方もいると思いますが……。

——既に、今、在日米軍の撤退計画は始まっていますからね。

はい、沖縄の米国海兵隊の陸上兵力が、グアム、オーストラリアに下がることになっています。

――敵の第一撃を受けるリスクを分散する可能性が、沖縄の米海兵隊だけではなくなりつつある。

中国の第一撃を避けるために、スタンドオフ・ディスタンス（間合い）をとって下がる。

まず、沖縄から海兵隊が下がっていく。

しかし、その前に、台湾が中国に獲られる可能性が大きい。

もし、獲られれば、沖縄の航空優勢が失われ、嘉手納基地の空軍、辺野古の海兵隊ヘリ部隊、グリーンベレーは、フィリピン、グアムに下がる。

そうです。台湾は、空母20隻分の価値がある「不沈空母」ですから。

――同時に中国は、台湾が落ちれば、一気に、「宮古島までは、中国のものだ」と言い始め、大量の漢民族が離島に送り込まれて、住民投票で、倭人自治区となる可能性が出てくる。

大量にやってくるでしょうね。既にその兆候は日本各地で起こっています。

――またそれ以外にも、沖縄から撤退する可能性がある。

J-11B、中国版Su-27の機数が2020年に、2000機を超えれば、沖縄上空の航空優勢は失われます。

――航続距離4000キロで、長距離対空対艦ミサイル搭載可能の戦闘機ですね。

制空権のない地域には、絶対、陸上兵力を入れないのが、米軍のドクトリン。

そうです。米国もロシアに圧力をかけ、長距離戦闘機を中国に売却したり、技術支援を行ったりしないように働きかけていますが、現在の米露関係がそれを難しくしています。ですが、ロシアも中国を完全に信頼していないのが救いです。

――2014年5月下旬に上海沖の東シナ海で行われた、中露海軍合同演習を偵察中の海自と空自の偵察機に、中国空軍機Su－27が、距離30mまで接近してきたとの報道があります。既に、やる気とやれる技量は十二分ですか？

そう、見て構いません。足りないのは保有機数だけです。

――この中国空軍のJ－11Bは、九州まで届く。すると、佐世保の海兵隊揚陸用の米海軍揚陸艦隊がヤバくなる。

フィリピンに下がったほうが賢明かもしれません。

――岩国の海兵隊航空部隊もリスク分散。

はい、フィリピンとグアムです。

――日本国西部地域の在日米軍兵力は空っぽになる。

そうなります。

——まだ残ると思われた三沢基地。ここは、米軍の目と耳だが、その機能が技術革新でいらなくなれば、撤退する。

まったくその通りです。三沢基地の巨大アンテナ「象の檻」がいい例です。

——また、マッハ10で飛来する新兵器WU-14が実戦配備されれば、下がる。

そうです。武器の間合いが根本的に、変化しますからね。

——そして、米国内の専門家たちの、不動という横須賀・米海軍第7艦隊。

しかし、元米陸軍将校が細かく聞いて回ると、動く可能性が出てきた。

中国海軍原潜搭載のＪＬ-２弾道ミサイルの数が２００発を超えた時です。

——その原潜は、中国海軍空母３隻の機動部隊と共に行動する。

そうです、オーケストラと同じです。

——横須賀・第7艦隊は撤退し、日本は空っぽになる。

そして、忘れてならないのが、「スペース・パールハーバー」。中国宇宙軍の宇宙空間での米軍に対する奇襲攻撃です。

制空権の上の制宙権ですからね。これは、恐ろしいの一言です。

さらにもう一つ、米国の経済的要因もあります。とにかく、米国は、金がないですから。

——それで、日本はどうすればいいのでしょうか？

どうするのですかね？

——そんな他人事のような……。

自分は元米国軍人で、米国市民ですから。

——そんなこと言わずに、少し考えていただけませんか？

分かりました、考えましょう！

米軍のいない日本は中国にどう映るのか？

——台湾の事例に学ぶと、まず、中国から、どれくらいの人間が日本にきているのですか？

現在観光客が年間150万人弱、留学生が8万人ぐらいのようです。これから、もっと増える傾向にあるでしょう。

——それから、何十年か経ってからの、住民投票で、倭人自治区となっていく。

ソフトランディングはそうですが、中国はそこまで待たないでしょう。

——日本に対しては、まさに復讐モードですからね。攻めてくると。

復讐です。徹底的にやるでしょうね。

——中国政府は、「日本の軍国主義復活」につねに警鐘を鳴らし、世界に向けて、日本軍の「南京大虐殺」を知らしめようとしています。

そうです。ですが、やり過ぎたところもあって、例えばベストセラーになった、『ザ・レイプ・オブ・南京』の著者の中国系米国人アイリス・チャンは、２００４年に自殺しています。

用済みで邪魔になった彼女を、中国が抹殺したとみて間違いないでしょう。

——恐ろしい!!　すると、この中国の言っている軍国主義を、言い換えると、「ドイツはナチが二度と出てこないように、真摯《しんし》に反省して、対策を講じている。しかし、日本はまだ、ナチと同様の軍国主義を国内に温存している」となりませんか？

中国のプロパガンダはそういうロジックで展開されています。

——さらにですね、「南京大虐殺」は、「こんなナチのホロコーストと同じようなことを平気でする民族が、日本人。とても、怖い」となる。

そうですね。ですが、さすがに人口以上の死亡人数を誇張し過ぎたこともあって、完全に中国の思惑通りにいかなかった部分もあります。

――なるほど。しかし、今、核兵器を使用するハードルは高くて、なかなか、使えないということですね。

とはいえ中国の対日戦争は復讐ですから、先に述べた事情もあれば、簡単に核兵器を使用するのではないですか？

使うハードルは低くなるでしょうね。

もし、核兵器を使用しても、

「米国は、対日戦争の際、広島、長崎で核兵器を使用したではないか!!　何故、中国が使ってはいけないのか？」

となりますからね。

――在日米軍がいないということは、核よけの米国の核の傘は、もうないということですものね。

冷戦時代と事情が異なり、完全になくなったとはいえないまでも、核の傘の表面積は格段に減少しました。これは日本人も理解していると思います。

――日本はミサイル攻撃に対しては、それを撃墜するミサイル・ディフェンスですから、数千発単位のミサイルが、日本国内の原発に飛来して着弾するだけで、「ダーティーボム」といわれる「汚い核爆弾」と同じ効果があります。

狙って来ますよ。

孫子の国ですから。

――暗いですね。日本の未来。

日本には昔も今も、行き当たりばったりしかないですから、ここは、国家戦略から軍事戦略を考えるべきです。

――それを、考えただけで、自衛官はクビになるお国ですよ。

元米陸軍情報将校なら考えてもいいでしょう。

――是非、お願いします。

今こそ日本に国家軍事戦略が必要だ

――この章は、日本には国家軍事戦略がないというご指摘に対して、では、仮の戦略を考察してみようという試みです。

分かりました。

――その方法ですが、まず、第二次世界大戦の敗戦国・日本がやってはならないことを基準に、国家軍事戦略を考察してみます。

まず、歴史に学んでですね、朝鮮出兵をやった豊臣秀吉に学ぶ。

在韓米空軍郡山基地に隣接する干潟でフレアを放出する訓練を行う、横田基地所属のC-130H輸送機

その秀吉の伝統を継いで、韓国から竹島を奪還し、韓国出兵、続いて、拉致家族を救うために北朝鮮出兵。これは、どうですか？

韓国を縦断して北進するのは、99・9%無理ですね。

そして、韓国と北朝鮮の両方を日本が敵にするのは得策ではありません。

例えば、北朝鮮と韓国が戦争している時に、韓国に「側面支援するから、竹島を返してくれ」といったようなアプローチがいいと思います。

——すると、韓国出兵がだめならば、北朝鮮出兵だけというのは？

日本が拉致問題を最重要問題だと思って行動すると、米国からしっぺ返しを食らいかねませんよ。

先にも述べたように拉致問題は米国にとって、国益と無関係です。まずここを理解しないと始まりません。

——すると、いずれにしても半島に日本が軍を送るのは、韓国が黙ってはいないですね。

もちろんです。こんな研究があります。

仮に、米韓主導で半島が統一された時、数ヵ国が国連軍として治安維持のために駐留することが必要です。その参加国の中に日本は入っていません。

半島で、日本国自衛隊が治安維持をするのは、良くないとの結論です。

——日本は朝鮮半島併合の歴史がありますから、誤解されないためにも足を踏み入れるべきではない……。

そこをつねに、きちんと踏まえていないとならないわけですね。

そうです。

韓国・北朝鮮国民の対日感情は朝鮮統治時代からほぼ変わっていないと見るべきです。

——では、半島にはノータッチ。ならば、ソ連と中立条約があったのに、一方的に攻撃されて獲られた北方領土。

これを武力奪還。ついでに樺太全土も占領して、一気にエネルギー問題を解決。

これはどうですか？

そこは、本当に欲しいですが、自分の意見としては、孫子の兵法「武力は避けられるのならば可能な限り避ける」に従って、「北方領土は日本固有の領土」と主張し続けるべきだと思います。

北方領土カードはつねに持っておくべきでしょう。

――では、北がダメならば南端です。

「台湾日本統治2」です。

もう、一回やるんですか？

――はい。台湾が中国に落ちて、沖縄から米軍撤退が始まるのだったら、こちらが先手を打ちます。

これは、まったくありえないシナリオじゃないと思いますね。

中国に獲られるぐらいならば、もう一度、日本の一部にしてしまえと米国が考え方を変えれば、これはありですね。

世界情勢は日々、変わっていますから、絶対ありえないということはないです。

台湾国民も親日派が多く、共産中国の一部になるぐらいなら、日本の一部になったほうが得策、と考えても不思議はないです。

そして、中国と同じくソフト路線で。

台湾国民の意思として、「中国に呑み込まれるくらいならば、日本に統治されたほうがマシ」との雰囲気を作り、ソフトに再び統治する。

米国と国益が一致しますからね、可能性はあります。

——次が、対中国。

もう一度、盧溝橋《ろこうきょう》からやり直して、日中戦争を完遂して、北京を占領し、さらに、全土掌握。

それはないです。

日本の兵站《へいたん》が続かないし、自衛隊は侵攻型の軍隊じゃありませんから。

その前に、米国が認めません。

——米中連合軍に、日本は滅亡させられると。

するともう一つ、日本が滅亡確実の戦略——「大東亜共栄圏の再建」。

西はシンガポールから、東はミッドウェー、南は今度こそ、オーストラリアまで行く。

最初、それは周りが許さないだろうと思いましたが、これは、あながち間違っていません。

——日本滅亡にはならないのですか？

軍事情報シンクタンク、ストラトフォーのジョージ・フリードマンが書いた『100年予測』の中に、日本がそのように出て来る可能性があると。

——米国が黙っていないでしょ？

そこです。日本が力を付けられるのは海軍力です。

自分が自衛隊を見ていて、海自は旧軍をきちんと受け継いでいます。陸自は本当にどうしようもないですから。

だから、米国は、日本が「窮鼠《きゅうそ》かえって猫を噛む」とならないように、逃げ道を作ってやらないといけない、と『100年予測』には書いてありました。

——すると、日本の一つの戦略として、「米国の西太平洋に於ける制海権を助けます」として、日本海自は、ここは一歩進んで、F-35の艦載用のF-35Bを搭載した軽空母機動部隊を4～6個艦隊持つ。

そして、米海軍第7艦隊の西太平洋における制海権を補完する。

さらに、大尉殿がアフガニスタンで経験された、米軍基地の外側にあるアフガニスタン軍のように、対中国戦での第７艦隊の前衛として、４〜６個の軽空母機動部隊を海自が持つ。

そして、その担当区域を旧大東亜共栄圏西側とする。

そうです。大東亜共栄圏というより、

「米国はお金がないので、国防予算をどうぞ削減してください。空いた西太平洋の制海権は、日本が担当します」

という感じですね。

米中衝突の中でうまく、日本が漁夫の利を得るようにするべきです。

日本人は正直な性格の国民性ですが、漁夫の利は正々堂々とした戦略です。

——即ち、アフガニスタンのタリバン対米軍の間にアフガニスタン軍があるように、米中の激突する西太平洋で、後方に下がった米海軍第７艦隊の代わりに、海自軽空母機動部隊として日本が入る。

そういう筋書きがベストです。

——そこで整理すると、対露は、向こうから侵攻させないような防衛力を持つ。

半島には一切ノータッチ。

台湾には、ソフトランディングで再び統治の構えを取る。

するとFrom衛隊には、まず海兵隊能力は必要ですね。

そして、西太平洋では対中国で海自軽空母機動部隊を4～6個作る。

海自に空母用の艦載戦闘機部隊が必要ですね。

そうなります。赤字経済の米国は、日本に艦載用のF－35Bがさらに売れるならば、喜んで売ってくれます。

日本に合うミサイル戦略を考える

――日本が、対北朝鮮、対中国のために、射程2000～3000キロの弾道ミサイル、巡航ミサイルは持つべきですか？

ポイントは、「日本の持とうとしているミサイルは、米国に届かないタイプ」だということです。

日本は、海に囲まれています。

朝鮮戦争、ベトナム戦争のころまでは、それは日本の周りに20個師団があるのと同じ効果がありました。

ところが、21世紀の今、北朝鮮ですらも海を越えて、日本を直接狙える1500発のミサイルを持つ。中国は、さらに、数千発の日本を狙うミサイルを持っています。

海に囲まれた20個師団の戦力は、失われてしまいました。

――そして、日本のミサイル・ディフェンスは……。

飛来するミサイルを撃墜するという、まさに曲芸のような戦術です。

――はい。２０１３年、中国人民解放軍は、自国の原発の真横に対空ミサイル部隊を配置しましたよね？

それは、即ち、日本国内の54基の原発を巡航ミサイル「長剣」で、破壊できる準備が整ったと見ていいと思います。

つまり中国は、日本の原発を自由に破壊し、メルトダウンさせられる。しかし、日本にはできない。

だからこそ、こちらも、巡航ミサイルを持って、「そっちが撃つならば、こちらも撃つぞ」と準備をする。すると、双方、撃つのを止める。

これこそ、国際政治学で言う「バランス・オブ・パワー」理論です。一理あります。

――すると、日本に中距離ミサイルを、という発想はどうですか？

それは必要だと思いますよ。

日本の場合は技術的にも運用面でも問題はない。

しかし、事情が特殊です。

――特殊な事情とは？

それをやろうとすると、必ず、声高に反対する勢力が出てきます。

――それが民主主義の原則ですからね。

問題はその後なのです。何でもかんでも「反対」するだけ（笑）。その反対側にいるリーダーでさえ、いざ、事あらば、「いや、これは必要なのだ」と、自らが責任をとる姿勢を示すことができるかが重要なのです。

さらに、政治家の議員の先生が、次回の選挙に当選する、ことではなく、本当に国益のことを考えて、必要だと国民に対して、訴えられるか？

必要ならば、憲法まで変える時は変える。

そのような、英語で言う「will」があるか。

――未来ですか？

「確固とした意志」です。

――意志……。

さらには、中距離ミサイルを揃えても、それを使いこなす意志があるかどうかです。持っていても、使いこなせるかが問題、ということです。

――トマホーク巡航ミサイルは一発1億円。２０００発で２０００億円。

このミサイルは、日本の護衛艦、潜水艦からでも発射可能なのですね。

ある意味、最も安価な防衛システムといえます。それを持つのは、自分は賛成です。

——問題は、意志があるかどうか？

そうです。さらに、日本は、ミサイルを揃える前の問題もあります。

——なんですか、それは？

自衛隊の武器体系そのものが抱える問題です。

自衛隊は米軍のためのもの

——自衛隊の武器体系のどこが、おかしいのですか？

海自のP-3C対潜哨戒機は、第7艦隊の空母を守る前方哨戒です。

——日本の海を守るのではないのですか？

違います。まずそこを再認識しなければ始まりません。もっとハッキリ言うと、日本は米国に騙され続けています。

——大日本帝国海軍の一式陸上攻撃機の後継機と思っていたのですが？

違います。

海自P3-C対潜哨戒機、翼下に対艦ミサイルを装備

さらに、海自のイージス艦は……。

——我が国を、敵のミサイル攻撃から守るイージスの盾であります。

違います。

——これも、違うのですか？

ミサイルを撃ち落とすのではなく、対航空機撃墜が、イージス艦の任務です。

それも空母を護るためのシステムです。第7艦隊を見てください。空母と並んで必ずイージス艦が並航しています。

ミサイルを落とすためのミサイルを搭載しているのではないです。

飛来する飛行機を落とすためのミサイルです。

だから、第7艦隊の空母を護るためにいるのです。日本のイージス艦の数が増

環太平洋合同演習リムパックで、海自イージス艦きりしまから
SM-2ミサイルを発射する

えれば増えるほど、第7艦隊の空母は安全になります。

──日本の防衛のための装備ではない。

米国の本音はそうです。だから、売ってくれたわけです。

──日本の海自は米海軍第7艦隊を護るためにあると言い切っていいのですか?

いいです。米国から見ると、まさしくそういう感じです。

それだけ、米海軍の予算・人員などの負担が減るわけですから。

アフガニスタンの米軍基地の周りに、アフガニスタン軍がいるのと同じです。

飯柴氏の言うとおりに、米海軍空母ジョージ・ワシントンを守るための海自イージス艦きりしま、なのか……

発注できる下請けの仕事はどんどんとやらせる。

――嗚呼!! 海自艦隊。

米海軍第7艦隊の外側を守る海のアフガニスタン軍でありましたか……。

申し訳ないですが、そうです。

――すると、日本の空を守る空自のF-15戦闘機はどうですか?

これは、本物でしょう!?

米国でのF-15の使い方は、F-16とハイローミックスです。

即ち、まず、F-15が、制空戦闘機として、制空権を取ります。

次に、戦闘爆撃機として、F-16が、爆撃しに来ます。

海上自衛隊観艦式で自衛艦旗を掲揚する米海軍巡洋艦シャイロー

——まず先に、米軍が来るまで、日本上空の制空権を空自F-15が保持する。すると、三沢の米空軍F-16が爆撃を開始する。

そんなところです。導入当時に、米国と日本の利害が一致したのですね。

——だから、売ってくれた。

そうです。ただF-15は日本にとっても、歴代最高の制空戦闘機だったことに間違いありません。

——米国のために制空権を維持するための空自F-15ですからね。

すると、自国を護るための武器体系ではないのですね？

見事にそうなっています。

空自F-15Jは、米軍のために日本上空の制空権を維持する……

米国にはありがたいですが……。

——集団的自衛権の問題で、日本国内が騒然となった時、米国の首都ワシントンで、米海軍制服組トップの作戦部長が、「海自艦艇が、空母機動部隊と共同作戦ができる」と、強い期待感を示したとの報道があって、嗚呼、やっぱり米国のためなのだと納得しました。

言った通りでしょう。同盟は建て前で、真の目的は第7艦隊をいかに安全に守るかが最優先です。

それを聞いて率直に喜んでいる連中はバカ丸出しです。

——日本国の安全は……。

日本が何故、強かったかというと、海軍が強かったからです。

今の海自は、大日本帝国海軍の伝統を受け継いでいます。海自の自衛官と話したことがありますが、かなり訓練水準が高いなというのが自分の印象です。

——それは、米軍から見れば安心でしょうけれど。では、陸自は、どうなのですか？来《きた》る本土決戦の玉砕用兵力でありますか？

そうではないですが、島国で陸自の兵力が一番多いというのはありえないです。

——そうなのですか？

陸自が13・7万、海自が4・2万、空自が4・3万人でありますが？どう考えてもバランスが悪いです。陸が多過ぎます。

——何故なんですか？

調べると、満州に駐屯していた旧帝国陸軍の関東軍時代の割合で残っています。

——やはり、本土玉砕用の戦力‼

多分、違います。日本にいる米軍の割合に対応しているのです。陸軍はとても少なくて、海と空が多い。これが、まさに自衛隊のあるべき、兵力の割合です。

——そう、言われましても……。米軍を守る自衛隊ですからね。

自衛隊に、優秀な方々がちゃんといます。

だから、必要のない兵器はどんどん削っていく意向で、まず、陸自の戦車を740両から300両に減らします。

これまでの削減は間違っていませんが、その削減速度をもっと速めたほうがいいです。

――しかし、戦後、約60年で育成した戦力が、空自・海自は、第7艦隊を護るための装備体系で、陸自は多過ぎると。それで、在日米軍が撤退すれば、お先真っ暗ですよ。

護る対象がなくなったのですからそれも仕方ありません。

では、在日米軍なき後の、日本の自衛隊の戦術と装備について考えてみましょう。

――よろしくお願いします。

自衛隊だけで日本をどう守る?

――陸自は、これから沖縄海兵隊がグアムに撤退するので、空いた戦力の穴を埋めるために、水陸両用団を編制中です。

中国との戦争は、エアー・シーバトルなので、陸上戦力は本当は最後に編制するの

嘉手納の米空軍F-15Cは、グアムとフィリピンに下がることになる

が普通です。

——一番後に投入するのを最初に作っている日本は、最初の一歩で間違いを犯しているのですか?

その通りです。

制空権、制海権のない所に、陸上兵力を出してもやられるだけです。

——今度、陸自が空自、海自と共同して、最前線で空爆および艦砲射撃の標的座標への誘導をする爆撃指導員を組織して、水陸両用団の母体になる西部方面普通科連隊に配属する予定であります。

やっと、やるのですか?

本来は、習志野特殊作戦群の任務なのですけど、特殊部隊の一番強い所はその爆撃誘導の能力なのです。

三沢のF16はアラスカに下がる

数名の隊員が携行できる火力は、いくら特殊部隊でもたかが知れていますから。

ここでも本末転倒ですね。

——まず、Ｊマリーン水陸両用団を作る前に、制空権をとる空自部隊、そして、その後に空爆担当の空自部隊を作る。

そして、制海権を海自が確立して、海自のＪマリーン用の艦隊の編制。

それから、陸上兵力の水陸両用団の編制にかかるべきです。

——順番が逆ということですね。ならば、ここでは、最初に、空自の戦力を考察しませんか？

それが、いいと思います。

とりわけ日本の空をどう守る？

――まず、空っぽになった嘉手納空軍基地。ここを空自戦力で埋めないとなりません。来援した米空軍が使おうとしたら、既に中国空軍が使っていたではアウトですから。那覇基地の２個F―15飛行隊50機、F―２の１個飛行隊を持ってくれば埋まりませんか？

北のロシアへの備えはどうするんですか？。

――千歳にF―15が２個飛行隊残ります。

もう、少し増強したいところですね。

――それしか、ないであります。増強する一つの手としては、F―４ファントムを42機の代わりに今度は、F―35ライトニングⅡを買います。これは、三沢飛行場に入ります。

それはいい。

――ここからは、米国の空軍専門家たちの話を聞く前に、大尉殿と自分だけでの考察です。まず、このF―35を２個飛行隊から、５個飛行隊、１００機にするのはどうですか？

それはありだと思います。

――とにかく、米国は、F―15の後継機であるF―22ラプターを売ってくれませんでし

今や、旧型となった空自F-15J。アラートハンガーで、国籍不明機に対処するためにスクランブル待機する

たから。Ｆ－15の次の機材を揃えないとならない。Ｆ－2といっても、元はＦ－16。

　基本設計が旧いです。

――Ｆ－35はＦ－16の後継機ですが、これで、何とか凌がなければなりません。全部で何機必要ですか？

　自分が十二分と考える機数は、今の空自の作戦機数の総数の2～3倍。だから、Ｆ－35クラスの主力制空戦闘機は、700機欲しいところです。

――空軍が単一機種で揃えると、何らかのトラブルで飛行停止となった時に、すべての機能を喪失します。少なくとも、3機種ないと、ダメです。だから、Ｆ－35を400機として、残り300機を、それ以外の機種で調達しなければなりま

さらに、旧旧型、1960年代のベトナム戦争で名機となったF-4Eファントム。日本は中国に配慮して、21世紀初頭まで、この旧旧型戦闘機を沖縄に配備していた

せん。

日本は、国産でステルス戦闘機の開発をやっていますね。

——はい、ＡＴＤ－Ｘ心神です。米国が色々と横槍を入れてくると思いますが、「Ｆ－22を売ってくれないから勝手にやっている。これだけは本当にやらないとならない」と強硬に交渉してやるしかないですね。

——仮称Ｆ－３。これをＦ－15Ｊの後継機として、２００機。

残りの１００機ですね。

——Ｆ－２をＦ－２改として、延命させて使う手があります。

それはいいです。

日本人は、零戦、さらには、ドイツ

空自F-1支援戦闘機の後継機として開発されたF-2

から設計図を貰ったメッサーシュミットMe262を独自改造して、橘花《きっか》を作りました。

さらには、F-4ファントムも、F-4EJ改の実績があります。

機材をうまく発展させる技術が、日本にはありますからね。

——まずは、自分たちだけの考察で展開してみて、何とか帳尻は合いましたが、米国の空軍専門家たちの意見をお聞かせください。

分かりました。

また最後まで「零戦」で戦い続けるのか

——まず、自分が日本国内の専門家に聞いたのですが、2020年までに仮称F-3

敵機をいち早く発見するためには、無人偵察機グローバルホークが必要となる

日本版ステルス戦闘機ATD－Xは、実戦配備ができそうにもないとのことでした。

２００機分、なくなりましたね。

――はい。それで、米国の空軍の専門家たちの意見は、どうでしたか？

簡単に言うと、昔はF‐15とF‐16のハイローミックスで良かった。F‐15に敵う敵機はいなかったからです。

ところが、今は、J‐11Bです。中国版Su‐27を迎撃しなければならない。

――能力はF－15を超えているかもしれない。

はい。さらに、Su‐35になってくると、完璧にF‐15を凌駕してきます。

――中国は、ロシアから、これを24機購入する予定です。

Ｓｕ‐35が来ると、さすがに分《ぶ》が悪いですね。

――F‐15だけでは、最後まで零戦で戦い続けた太平洋戦争の二の舞です。なにせ1970年代に開発された機体ですから。

Ｓｕ‐35は、初飛行が２００８年と、40年近く新しい機体ですから。

――どうしたらいいと、米国の専門家たちは分析していますか?

まず、迎撃能力を高めるしかないと言っていました。

――どうやるのですか?

まず、衛星、そして、グローバルホーク、ＡＥＷ早期警戒機、さらにレーダーといったＩＳＲによる情報です。

――まず、より早く敵機を発見する。

そうです。

次に優秀なＡＷＡＣＳ早期空中警戒管制機の運用です。

――AEW機などで早期発見した敵機に対して、AWACS機から、最短時間で対処できる迎撃機を誘導する。

はい。そして、必要なのが長距離・高速で敵機を撃墜できるミサイルです。

E-767・AWACS早期空中警戒管制機の運用が鍵となる

――AMRAAMミサイルのような、中距離超高速ミサイル。発射母体の機体性能が劣っていても、周辺のソフトとハードでカバーする苦肉の策であります。それで、2020年までにSu−27が2000機の敵機軍団に対して、我が方は何機必要だと？

2000機に対して、700機と言っていました。護るほうが有利ですから。

ただし、例えば与那国島などの敵機の飛来が予想される離島の滑走路などにPAC−3などを配備すれば、その数は若干、減らせるかもしれません。

――大尉殿の初見積もりと同数となりました。

ここでは、その機数を揃えることを目的に考察を続けます。すると、F−15とF−2

で300機揃えても、400機足りません。F-35を400機……。

米国も400機は、買えないということです。

——無理な機数ですね。

200機ならどうですか?

F-15で、日本が買えたのは、200機。

F-35の機体価格は、高いですよ。

——すると、頑張って100機。しかし、まだ、300機、足りない。

パイロットの教育も必要です。

——ダメですかね。

数が揃わないならば、例えば、中国空軍のJ-11Bが、地上に駐機している時に叩く。

——先制攻撃は、空自には無理でしょう。恐らく、ベトナム戦争の時の米軍と同じで、飛行中のミグ戦闘機しか、叩けないと思います。この辺りも変えていかないと、負けますね。

何回も言うようですが、意志の問題です。

——まさに。

米国の専門家たちは、日本には、F-15SEが最適だろうと。日本はF-15を既に持っているので、パイロットの訓練も楽ではないかとの指摘がありました。

――通称サイレントイーグル。1996年から開発が開始されて、ミサイルがF-22、F-35のように機内に内蔵されている。正面からのレーダー反射面積はF-22と同じとされています。

元の機体が、F-15ですから、導入、維持管理も楽でしょう。

――今も飛ばしていますからね。機数を試算してみましょう。

すると、F-15とF-2で、約300機とします。

それから、敵は、2020年までに2000機のJ-11Bを揃えます。

2020年までに、F-35は、50機来ればいいと仮定します。これで、350機。

F-15SEは、一機100億円です。

米国の空軍専門家の中で現実的な人々からは、F-35を待つ間、F-15SEを繋ぎで買うべきだという意見が多かった。

――ならば、F-15SEを100機揃えて、2020年に450機。

これで、何とか、2000機のJ-11Bと戦い、持ち堪《こた》える。

F-15SEサイレントイーグルは、戦力の穴を埋めるのか……

しかし、敵は、日本に復讐ですからね。

国家存亡の危機ですよ。

２０００機vs.４５０機。

米空軍が来るまで、制空権を保てますか？

ミサイル・ディフェンスというバカな使い方をしているパトリオットとイージス艦を、本来の目的に使うべきです。

――戦闘機を撃墜するシステムに使う。

そうです。

迎撃にイージス艦、基地防衛にパトリオットを投入して、足りない２５０機分の働きをさせる。

――本来の戦いに投入する。

敵にしてみれば怖いですよ。

正確に自機に向かって高性能の地対空ミ

サイルが飛んでくるわけですから。

――するとですね、米軍は敵J－11B、2000機中、どのくらい落としたら、来てくれますか？　日本空自の分担撃墜数です。

キルレシオで行くと、5対1。

――空自が1機落とされる間に、敵機5機を撃墜する。

空戦は消耗戦です。想定下の粗い試算ですが、400回の空戦が発生して、敵機2000機を全機撃墜。日本の空自は400機落とされて、残存機は50機。

凄まじい空戦であります。

1割落とせばいいですよ、200機。

――米軍将校から見て、やるな空自、という数字は？

400機ならば、そこまでやってくれると、米空軍のパイロットたちは、空自凄いなと思いますね。

――すると、米空軍の、F－22ラプター、B－2爆撃機が来て、残り1600機を相手にして、日本上空の制空権完璧確保。

米海軍、来てくれますか？

日米同盟ですからね。

日本が空母を持てる日

——次が、佐世保の米海軍揚陸艦隊、横須賀の空母機動部隊、米海軍第7艦隊のなくなった戦力を埋めるための、海自戦力の考察です。

その前に、核弾頭搭載かどうかは最高機密ですが、弾道ミサイル、トマホーク巡航ミサイルを搭載した米海軍原潜が、引き続き日本近海に潜んでいることを頭に入れておいてください。

——在日米軍が撤退しても、米海軍原潜は、日本近海の何処かに潜んでいる。

はい、米軍の戦略としてあります。

——すると、横須賀、佐世保にあるかもしれない原潜関係の施設は堅持ですね。

そうなります。

——その米海軍原潜が、日本がヤバい時、日本のために、中国のミサイル発射台とその司令部をフェーズゼロの発射前に、先制攻撃で撃ってくれますか?

さぁー……。

——全部、秘密なんですよね、原潜の行動は……。では、日本の持つべき海自戦力なのですが。

海自いずも。今は、『ヘリコプター搭載護衛艦』全長248m満載時2万6000t

まず、基本的なところの確認です。米国は、米国以外の海軍でのニミッツ級原子力空母（CVN: Carrier Vessel Nuclear）の保有を、基本的には認めません。

——中国海軍は？

それに抗《あらが》うために、中国は必死にやっていますね。

——すると、日本の空母保有は？

米国は基本的には認めませんが、この章の始めで検証したケースならば、ありえます。

つまりCVNではなく、軽空母もしくはフランスのシャルル・ド・ゴール級の空母ならば可能性はあります。厳密に言うとシャルル・ド・ゴールもCVNなの

軽空母候補の海自ひゅうがヘリコプター搭載護衛艦。全長197m満載時1万9000t

ですが、艦載機数でニミッツ級の半分以下になります。サイズ的にも日本が運用できるのは、このくらいが限界でしょう。

――それを米国が認めてくれれば、日本国海自には、F-35Bの運用も可能というわけですね。

既に、1万3950トンのDDHひゅうが、いせ、は運用中。

最新型DDHいずも、基準1万9500トンが、2015年、配備。2016年に同型艦が配備され、計4隻の、F-35Bを運用できる軽空母になりうるヘリコプター搭載護衛艦があります。試算すると、ひゅうが型に8機、いずも型に12機F-35Bを運用できます。

最大で40機を擁する4個軽空母機動部隊です。しかし相当な金が掛かるので、日本はF‐35Bの搭載を諦めたはず。

その相当な金が米国に入るから、日本に使わせるのです。

だから、米国の空母数が減らされる決定が出れば、それは日本にとってはチャンスと考えるべきです。

――OKを出しますか？

出してくれるかもしれません。

――ならば、このように米国を口説くのはどうですか？

どのように言うつもりですか？

――米海軍第7艦隊が下がったために、その西太平洋に空いた空白を、海自が埋める。米空母機動部隊の代わりに、海自の4個護衛艦隊群にあるいずも型2隻（満載2万6000トン）、ひゅうが型（満載1万9000トン）の、現在、ヘリ空母として使用されているDDHにF‐35Bを搭載して、4個軽空母機動部隊を作ります。

これが、第7艦隊が、来るまでの間、露払いとして、西太平洋をカバーするのは？

それは、凄くいいと思います。

米国も、それならば、日本に空母を持たせてくれると思います。

――F-35Bの搭載機数の推定は、4個軽空母機動部隊で40機です。第7艦隊の米空母に匹敵はしませんが……。

それで、立派な海上兵力ですね。

搭載機数が足りない分は、日本得意の細かな運用でカバーできるはずです。

――この海自軽空母機動部隊の、F-35B艦載飛行隊の飛行場ですが、横須賀と舞鶴配備の軽空母搭載の飛行隊が厚木飛行場を、呉、佐世保配備の軽空母搭載飛行隊が、岩国飛行場を使用するのはどうですか？

それが、いいと思います。それで、海自の対潜哨戒機の装備数はどうしますか？

――2020年代は、P-3Cと、次期対潜哨戒機P-1、4発のジェットを装備した混成部隊になっています。

逆にさらに強化しないといけません。

第7艦隊の空母1隻を護るために、約75機のP-3Cを海自は装備していました。もし4個軽空母機動部隊を持つのであれば、逆に強化しなければなりません。

――現有計画ではP-1は、70機配備でありますが、これは、大増産ですね。

そして、これらが対潜哨戒した海域に、海自軽空母機動部隊が入っていく。その海自軽空母機動部隊には、このような作戦案が推定されます。

まず、２０２０年代での中国空母機動部隊は、公開されている情報から推定すると、練習空母「遼寧」に加え、２０１８年完成の国産空母１番艦「山東」、19年完成の２番艦「広東」の計３隻です。

これらが、軍港から出て、第一列島線を越えるのを、海自軽空母機動部隊が、阻止。

中国空母の３個機動部隊の動きを抑えている間に、米海軍第７艦隊が、到着。第７艦隊の空母機動部隊を中心に、日米計５個空母機動部隊で、中国海軍の３個空母機動部隊を全艦撃沈する。

このような作戦案ならば、どうですか？

いいと思います。米国の国防予算削減は本当に重要課題ですから、これならば、相当、削れます。

——いけそうですね。

さらに、ここは、日本が地元です。

だから、地の利がありますから、巧く利用して、兵力を増強すればいいと思います。

——空自の地上基地航空兵力と海自航空兵力の統合運用でありますか？

それが、一番、地の利を生かした戦略になると思います。

SH-60ヘリと陸自AH-64攻撃ヘリ搭載中の海自ひゅうが。これにF-35B戦闘機を搭載する

日中空母が激突したら？

――それでは、ここで、自衛隊だけで、2025年に揃う中国空母数3隻、3個空母機動部隊との地の利を生かした海戦について、考察します。

この空母に搭載できる艦載機の機数はどのくらいでありますか？

報道された推定値しか申し上げられませんが、Su-33が、各空母に24～36機です。

――中国は空母3隻で、Su-33が72機から、最大で108機搭載。海自軽空母機動部隊は4個で、F-35Bを40機搭載です。

海戦が、発生すると仮定して、勝てま

海自いずも。４隻の海自軽空母艦隊が日本の命運を担う

すか？

中国空軍が、ステルス戦闘機Ｊ－20を投入してくると、海自に分が悪いです。

――そのＪ－20に弱点はないのですか？

Ｊ－20の航続距離は２０００キロですから、沖縄まで来て戻るのが精一杯です。

――Ｊ－20が飛来できない海域でないと、海自艦隊は不利ということですか？

不利です。

――すると、Ｊ－20の航続距離の圏外の海域ならば、どうですか？

そのほうがいいですね。

――陸地から離発着する空戦では、東シナ海の海域上空で、Ｓｕ－27の中国版Ｊ－11Ｂ２０００機と空自の熾烈な消耗戦が繰り広げられます。

米海軍第７艦隊の空母が来るまで、はたして海自軽空母ひゅうがは撃沈されずに戦い続けられるか……

するとと、中国空母機動部隊は、その外側、沖縄の東側に出てきますね。

それも、南西諸島の各島嶼《とうしょ》に配備された陸自の対空・対艦ミサイル部隊の射程の外側に来ます。

——Ｆ－２戦闘機に対艦ミサイルを搭載して、出撃です。

それこそが、自分の言った日本の地の利です。

——なるほど!!

海自軽空母搭載の40機のＦ－35Ｂは、防空用を除いて、全力で１０８機のＳｕ－33を迎撃します。

——仮にこちらのＦ－35Ｂが、30機、敵が90機とすると？

１対３……。

――ならば、Ｆ－35Ｂは、Ｓｕ－33に十二分に勝機はありますか？

Ｆ－35Ｂにはステルスの強みがあります。

――すると、この空戦は勝てる!!

嗚呼!!　あの昭和15年9月13日、重慶上空で、我が方の零戦13機が敵機33機と交戦し、27機撃墜、我が方に損害なし。

これを超える戦果が!!

そうですね。しかし、海自の軽空母は何隻かはやられます。

――米海軍からすると、海自は何隻、敵空母を撃沈すればいいですか？

最低、1隻。

――こちらが、全艦沈んでも、1隻でいい、と。

そして、艦載機のほとんどを撃墜すべきです。

――すると、我が方は珊瑚《さんご》海海戦以来、敵空母を1隻、撃沈。

同時にミッドウェー海戦以来の日本海自軽空母、4隻轟沈《ごうちん》で、全滅……。

いいえ、恐らく、その前に空自Ｆ－2の対艦ミサイルで中国海軍空母は撃沈されています。

撃沈されなくとも艦載機を失った残存中国空母2隻は、海自の優秀な潜水艦に何処

艦隊を組めば強襲揚陸艦の機能を果たす海自輸送艦しもきた、搬送するのはＪマリーンを揚陸するLCAC

かで攻撃を受けて、撃沈ですね。

――おっ、それは凄い!!　すると、米海軍第7艦隊の空母は、来てくれますか？

日米同盟ですから。

日本国海兵隊・Ｊマリーン、出動す!!

――既に制空権は我が方にあります。そして、この米海軍第7艦隊と残存する海自艦隊が制海権を握った地域に、Ｊマリーンを搭載した海自水陸両用団揚陸艦隊が出てきます。

そうです。

――現在、日本は、米海軍のように、海兵隊専用の強襲揚陸艦を持っていません。

海自輸送艦から発艦したV-22オスプレイが、降着、陸自西普連が、上陸する

そこで2013年6月14日に実施された日米統合訓練「ドーン・ブリッツ13」で、おおすみ型輸送艦しもきたとヘリ空母DDHひゅうがを2隻併用して、強襲揚陸機能を持った艦隊として、運用しようとしています。

そこでは、ヘリ空母ひゅうがから、武装ヘリを飛ばします。そして、輸送艦しもきたから、兵員輸送ヘリを飛ばし、LCAC（エアクッション型揚陸艇）を発艦させて、兵員を上陸させました。

海自は、やることをちゃんとやっていますね。米海軍でも評判は良いです。

——この2隻運用の艦隊で、最初に話の出た日本国海兵隊・Jマリーンとなる水陸両用団を運びます。

しかし、F－35Bを8～12機搭載した1個軽空母機動部隊と、おおすみ型強襲揚陸艦に日本国海兵隊・Ｊマリーン1個大隊３００名を乗せて、南西諸島あたりをつねにパトロールしていれば、中国はどうですか？

非常に嫌でしょうね。

そして、制空、制海、海上輸送手段を確保して、やっと、陸自の水陸両用団を含めた陸上兵力編制の話に入れるわけです。

——しかし、既に空自は、残り戦闘機50機、海自はイージス艦が数隻、Ｊマリーン揚陸艦隊が残っているくらいなのですが……。

安心してください。米軍はほとんど、無傷です。

——心強いであります。日米同盟!!

対中国で、陸上兵力は出番ナシ

——空、海と見てきて、ほとんど、陸上兵力の出番はないのではないですか？

対中国は、統合空海戦闘ですからね。もし、陸上兵力が必要な状況に陥ればその時点でもう、１０００％勝負はついていています。

——そのＪマリーンですが、九州の西部方面普通科連隊（西普連）が基幹部隊となって、編制されます。

これはIsland Grabという限定的な場合に限り、有効かもしれません。

だから、空いた佐世保の米海軍揚陸艦隊の施設をそのまま乗艦港として、使うべきです。

——なるほど。空いた基地設備を使用しながら、警備するであります。

それから、沖縄の米海兵隊の基地と訓練施設も使うべきです。

——沖縄でＪマリーン水陸両用団は、駐屯し訓練する。

そうです。そのために、グアム、オーストラリアに下がった米海兵隊が、1個中隊単位で、巡回で教官として来るのも、いいかもしれません。

——そのＪマリーンですが、総兵力は沖縄駐留の米海兵隊と同じ１万５０００名ぐらいでしょうか？

米第3海兵遠征軍としての人員ですから、その兵力になるのです。陸自としては、そんなに必要ないと思います。

——すると、３０００名ぐらいでしょうか？

多過ぎます。

1500名ぐらいが適正と考えます。

陸自主力戦車90式は、主砲は口径120mm 、重量50tの重戦車

——陸自で一個大隊を300名とすれば、5個大隊。

沖縄に2個大隊、佐世保に3個大隊の配備がいいでしょう。

——沖縄の1個大隊は、米マリーンと訓練し、1個大隊はつねに洋上でパトロール。JマリーンMEU(海兵遠征部隊)といったところでしょうか。

そんな感じです。それから、沖縄の米陸軍特殊部隊1/1SFGが使っていた基地と訓練施設は、陸自特殊部隊の習志野特殊作戦群の分遣隊が、使い、フィリピンから来た米陸軍第1特殊部隊第1大隊と訓練しているべきでしょう。

——沖縄は、今後、予想される中国との紛争の最前線になりますからね。

リスクの分散も含めて、陸上兵力部隊は分散させて駐屯すべきです。

そして、水陸両用団というＪマリーンを編制するのならば、それを梃《てこ》に陸自の全面改編をするのもいいかと思います。

陸自はこう改編すべきである

——どのようにしますか？

まず、政治や予算と一切、関係なく自衛隊を改編するとしたら、今ある陸自はそのままで、空と海を2倍ですね。

——陸は13万７０００人。空は、４万３０００人から2倍とすると、８万６０００人、海は、４万２０００人から8万４０００人。総兵力31万人です。

総兵力では、現在の世界24位から、23位に上がります。大丈夫です。

日本兵の人件費は、メチャ高いですからね。現実的には陸から削って、海と空に再配備する。そうしないと、防衛費があっという間にGNPの１％枠を超えてしまいます。

まず自衛官の公務員特権を徹底的に削る作業が必要です。私も目の当たりにしましたが、とくに米国に留学した幹部などには、これでもかというくらい手当が出ます。イラクのサマワでのような待遇もしかりです。こういったところから改革していくべきでしょう。米国で一緒に食事した幹部などは、その場は奢《おご》ってくれたのですが、出張費で落とすのに必要な領収書を貰い忘れて、後ほどそのレストランから領収書を貰ってきてくれ、と頼まれたことがありました。それもたかだか50ドル程度の金額でした。そのくらい自分で出せ、と言いたくなりましたが（笑）。

兵力的には陸から削って、空と海に再配置するのがいいのではないですかね。

陸自のある演習を見に行ったら、凧《たこ》のしっぽに付いた標的を狙って50キャリバーの対空機関銃で、対空砲火の練習をしているのですよ。

「お前ら、その状況になったら、もうダメだろう」と突っ込みいれたくなりましたね。そんな演習しても何の意味もないですよ。

なにやってんだと思いましたね。

だから、陸自で本当に使えそうなのは、宇都宮の中央即応連隊、九州の水陸両用団の基幹連隊になる西部方面普通科連隊、習志野第1空挺団、松本の山岳レンジャーですね。

後は、いりません。

——北の護り、第7機甲師団は？

対戦車戦闘の専門家（ＭＯＳ11Ｈ）として、断言しますが、日本に戦車は一台もい

小型軽量化し44tとなった陸自新型10式戦車

らないです。

――戦車は陸戦の王ですよ。

10式戦車は少し小型になりましたが、90式のような重戦車も含めてすべていらないのですよ。

――すると、新しい陸自になるのですか?

はい。米軍は沖縄に集中し過ぎていたのです。

だから、グアム、さらに、オーストラリアに海兵隊は下がります。

これは、リスクの分散です。

中国の長距離攻撃能力が高まったのと、台湾が中国の手に落ちるのは時間の問題だからです。

これに対して、リスクの分散をしなければなりません。陸自も同様です。

105mm砲搭載の装輪機動戦闘車

――自衛隊の日本本土でのリスクの分散は可能ですか？

例えば、全基地を地下塹壕《ざんごう》化して、頭上を20～30メートルのコンクリートで覆うとか？

今は、固定された標的になるものはダメです。すべて綺麗に吹き飛ばされます。

私案の陸自改編案を考えてみましたが……。

――先程の陸自で本当に使えそうな、中即連、西普連、習志野空挺、松本山岳レンジャーを残してという、飯柴大尉案ですね。

そうです。

自衛隊の編制で、陸自が一番兵力が大きいというのは、海がない国で海軍が一番大きいというのと一緒です。

日本軍に戦車はいらない

——陸自の兵力が14万人あるというのは、どこか、外国に侵攻するための兵力なのですか？

そうです。そこを今まで、誰も突っ込みを入れないのは、不思議です。兵力が14万人あれば、十二分に侵攻能力はあります。

——関東軍の伝統ですか？

兵力的には侵攻可能ですが、陸自の装備的には無理です。フォース・プロジェクション（戦力投射）能力がまったくありませんから。

——やはり、専守防衛。

どう編制替えをしますか？

人口と規模は違いますが、同じ島国のニュージーランド軍をリサーチしました。この国の軍は、戦車を持っていません。島国は、戦車がいらないのですよ。

——我が陸自は、10式戦車を開発してですね。

多分、ニュージーランド軍の人々は、「馬鹿じゃないの、日本人」と言っていると

国産は、値段が高くて性能不足。アメリカ製装甲車導入で解決か……写真は米陸軍のストライカー装甲車

思いますよ。

必要ない戦車は全廃、が基本です。

——すると、北海道第7師団の3個戦車連隊と、各師団付きの戦車部隊はなくなる。

そうです。

——機甲兵力はなしとなりますね。

ニュージーランド軍は、ストライカーのような機甲車両を持っています。

そのような部隊は残します。

——装輪装甲車の82式指揮通信車、87式偵察警戒車、96式装輪装甲車、105ミリ砲搭載の機動戦闘車でありますか？

それもいいのですが、米国にストライカー旅団が3個あります。

M2ブラッドレーとストライカーが、

20両対20両でやれば、ストライカーは全車やられます。

装甲車は14・5ミリ弾までしか止められませんから、M2ブラッドレーの25ミリ機関砲の掃射であっと言う間に勝負が付きます。

——弱いじゃないですか？

はい。通常戦力としては、最低です。火力も装甲も弱いです。

——何故、そんな部隊を作ったのですか？

イラクのバグダッドなどの市街地にSASO（Stability and Support Operations：市街地の治安の安定を図る作戦）で、入っていきます。

そこで暴徒・叛徒《はんと》などが出て来た時に、損害を少なくするために作られた装甲車両です。

米軍は最小の兵力投入で、民間の犠牲者を出さずに勝利することが求められていますから。その目的を達成するための兵器です。

——敵が軍用小銃程度で武装している場所を、奪還する場合の最終的な仕上げですね。

そうです。これを米軍はまったく役に立たないのに3個旅団作りました。

その1個旅団分の装備を買い取るのです。

——役に立たない、弱い中古装備を買って、もっと弱くなってしまうように聞こえま

中国が最も自衛隊に導入して欲しくない兵器、V-22オスプレイ

すが？

日本の国産で作っている車両よりも安くて、性能は上です。しかもC－130輸送機で空輸可能です。

――だったら、イイです。値段は高いが、役に立たない日本製装甲車両は沢山ありますから……。

基本的には、兵士の数を増やす増強ではなく、質を含めた戦闘能力を増強することが肝心です。

中国が一番嫌な兵器はオスプレイ

――具体的に、どう改編しますか？

日本の陸自に必要なのは機動力と展開能力です。

だから、エアーアサルトです。

MH-60を戦闘救難機として使用する米空軍

——必要な正面装備はなんですか？

米軍でいうならば、第１６０特殊作戦航空連隊ナイトストーカーズのような航空部隊が必要です。

——米国の特殊部隊をいつ、どこにでも、確実に運ぶ技量を持ったヘリ部隊。

偵察ヘリＭＨ‐６リトルバード、ＭＨ‐60ペイブホーク、ＭＨ‐47Ｇチヌーク。

——Ｍは、すべて特殊部隊仕様になっているヘリに付く記号です。

なので、60と47は、空中給油できます。日本の地形は、４分の３が山地です。だから、ヘリに限ります。

さらに機動力を持たせられる機材があります。

——なんですか？

MV-22オスプレイは、このC-130Hのような輸送機的な役目も果たせる

ＭＶ-22オスプレイです。使い方によって、航続距離は約３９００キロ、最高速度約５２０キロ。積載量は９トン、兵員ならば24名運べます。

ヘリとしての垂直離着陸、さらに、短距離離着陸できる輸送機としても使えます。

さらに、空中給油能力を付ければ、どこまでも行けますし、地上、艦艇、どちらでも離着陸できます。

――これがあれば、陸自の機動的運用ができて、リスクの分散が、日本国内だけで可能になります。

このオスプレイとヘリは、迅速に日本国内をどこにでも歩兵を搭載して、機動できる旅団ですね。

そうです。だから、逆に言うと中国には一番、嫌な兵器なのです。反オスプレイ運動も、裏では中国が煽動しているのでしょう。

――そのオスプレイを擁する機動旅団の基地はどのように？

リスクを分散しなければならないので、様々な場所にコンビニチェーンのように、MV―22の着陸地と装備集積地を作っておきます。

ネットワークを形成して、一ヵ所やられても直《す》ぐにリカバーできるようにします。

――それは凄い。

そして、日本には使用可能な島が2500個ありますから、そこも利用します。

――一撃でやられないネットワークですね。

そうです。

そして、旅団には、CAS：クローズ・エアー・サポート（近接航空支援）能力と、JTAC：ジョイント・ターミナル・アタック・コントローラー（統合末端攻撃統制官）が必要です。

――何ですか、それは？

エアーアサルト機動旅団の陸自兵士は、空からの空爆、海からの艦砲射撃、さらには、砲兵部隊の砲撃などの近接支援、援護射撃を要請できます。

エアーアサルト機動旅団を緊急輸送するMV-22オスプレイ

──まさに統合戦闘。

1個小隊に2名欲しいです。

ただこれは頭脳明晰、とくに数学に強い兵士を、長い時間かけて教育する必要がありますが。日本人は数学が苦手な米国人と違うので、さほど問題はないでしょう。こういった日本の強みを生かさなければなりません。そして数学に強い自衛官にこそ、手当を出すべきでしょう。

──エアーアサルト機動旅団の降下先に、空からは、空自のF－2支援戦闘機からの空爆、海自の戦闘艦から艦砲射撃、ミサイルが発射される。陸自の重砲、そして、戦闘ヘリの20ミリバルカン、対戦車ミサイル、ロケット弾が、要請した地点に正確に攻撃される。

これは、強い。

本当の増強というのはこういうことを言うのです。

――具体的にはどんな配置になりますか？

各方面隊、北部、東北、東部、中部、西部、ここに、沖縄に西南方面隊を新設して、6個旅団必要です。

――すべてエアーアサルトができる部隊。

兵力は？

オスプレイは各旅団に10機、捕用2機の計12機。一回に240名の兵を運べます。だから、米陸軍でいうカンパニープラスで、十二分です。

――増強1個中隊。

1個旅団で全兵力が600名。MV-22が、2回半の輸送で、全兵力が展開できます。

――6個旅団で3600名。

少なくないですか？

島国です。

まだ、多いぐらいです。

——乱暴な計算なのですが、第1空挺団が1500名、特殊作戦群300名、Jマリーン水陸両用団1500名、山岳レンジャー300名。これに機動旅団3600名で計7200人。

1個師団兵力だけで、陸自、編制終了です。

構いません。それで、十分です。

——大丈夫ですか?

コンバットアーム(戦う兵力)はそれだけですが、エアーアサルト機動旅団は、コンバットサポート(戦闘支援)、コンバットサービスサポート(後方支援)が必要です。

それを含めると総兵力5万名です。

——今の3分の1。

残りの兵員は?

空自と海自に振り分けます。

——このエアーアサルト機動旅団の戦闘はどのような流れになりますか?

制空権と制海権を握った地域にまず、Jマリーン水陸両用団が上陸して、橋頭堡《きょうとうほ》を築く。

海自「軽空母」ひゅうがから発艦するV-22オスプレイ

そして、戦況が展開すると仮定します。

例えば、敵が反撃しようとした。

Ｊマリーンの予備兵力が底をついている時、エアーアサルト機動旅団が反撃を阻止する地点に、ＭＶ–22オスプレイで降着し、戦闘開始。

または、敵が逃げようとしている場合、速《すみ》やかに退路を塞ぐ地点に、エアーアサルト機動旅団が展開する。

——迅速に兵力が展開する時に、エアーアサルト機動旅団が、ＭＶ–22オスプレイで降着する。そして、島嶼地域にいる敵軍を発見し、ＪＴＡＣの指揮で空と海、そして陸から叩く……。

敵はその支援がないので、一発で潰せます。

——残敵掃討ですね。

敵兵を完璧に潰せます。このように、敵から、攻め難い国にならないとダメです。

そして、そこに、米空軍の戦闘機、爆撃機部隊、米海軍第7艦隊空母機動部隊、米海兵隊、米陸軍が来援する。

——中国に勝てますか？

その準備を怠らないことです。中国は、勝てると判断するまで、来ません。絶えず、日本が準備して、中国が勝てない国になっていれば、来ません。

——戦わずして勝ち続ける。

そうです。

しかし2012年にやっと、米軍と自衛隊の地図のグリッド番号が統一されました。装備の真似をするのではなく、その辺りから戦《いくさ》文化を変えていかないとダメです。

日米共同統合演習で、終わった瞬間に、米軍の将校の高官たちが、

「赤ん坊（＝自衛隊）のベビーシッターの仕事は終わったぜ」

と呟いたのを、良く覚えています。

そろそろ、成長して、大人になるころです。

あとがき

駅前交番で日本人のお巡りさんが丁寧に道案内してくれるのか。それとも、軍用自動小銃を持った中国人の人民武装警察と称する軍人が無愛想に立っているのか。

日本の近未来の風景はどちらなのか？

「そんな事、起きるわけがないよ」

と言いたいところだが、国際政治学の格言に、「絶対にないとは絶対に言うな」というものがある、と飯柴氏は語る。

――２０１１年１月に出された飯柴大尉の『日米同盟崩壊』では、米中の軍の拮抗が崩れるのが２０４５年なので、それまでに何とかしなければならないということでした。しかし、今回、米国内で多方面に取材し、情報収集すると、その時期が早くなったということですね？

はい。中国海軍の空母3隻の就航が、2025年ごろ。

それらが、空母機動部隊として、原潜と共に使いこなせるようになるのに、最低10年かかります。すると、最短で2035年に米中の戦力拮抗は完全に崩れます。

——わずか、3年で10年早くなりました。

すると、2017年には、さらに、2025年と早まっているかもしれませんか？

ご存じの通り、ベルリンの壁崩壊も誰も直前まで予想できませんでした。

国際政治学の格言に、

「Never Say Never」（絶対にないとは絶対に言うな）

とあります。

ですから、完全にありえないとは、言えませんね。

しかし、米国を中心とした世界の経済、中国の経済成長率とエネルギー事情など、色々な要素が加わってきます。

——しかし、西暦20XX年になろうと、中国が海洋国家を目指し続ける限り、太平洋で、米国とぶつかることには変わりはないですか？

はい。その中国の相手には米国だけではなく、日本も含まれます。

——米中のど真ん中に挟まれています。

在日米陸軍司令部のあるキャンプ座間の憲兵隊

丁度、冷戦時のソ連とNATO諸国の間にあった、西ドイツと同じです。

一方、米国のヘーゲル国防長官が、NATO諸国にウクライナ問題で、

「ロシア軍が西進した時、どうするのだ。EUはもっと、軍事費に金を使え」

と言っていました。

——NATO諸国に対して、そのように米国が言うのであれば、やがて、日本に対しても言いますか？

間違いなく言ってくるでしょう。

——在日米軍も、米国の財政状況の悪化が理由で撤退する可能性があることが、これまでのお話から分かりました。すると、米国は、日本に何を買わせますか？

まず、さらにF-35を買わせるでしょう

ね。

——制空権がないと、戦えないのが今の軍事ですからね。

エアーショーにこの前行った時に、米空軍F-22が来て、展示されていました。そして、後部のエンジンの排気口に観客がいなかったので、そっちに回って見ようとしました。

——ステルスの推力偏向ノズルである機体後部は、極秘中の極秘でありますよ。

はい。武装した警備兵に「ダメです」と怒鳴られました。

「雑誌にも写真が掲載されているでしょう?」と言っても、ダメでしたね。

——完璧な機密保護の姿勢ですね。

でも、日本に金を使わせようとなれば、第6世代の戦闘機が出たら、旧型のF-22を売ってくれるかもしれませんよ。

——一度、製造ラインを閉じた戦闘機の製造再開は大変です。

だから、見かけは第6世代戦闘機と同じだが、中身の違う、F-40XJなんていうのを売ってくれるかもしれません。

最初から第6世代戦闘機は、米軍用と輸出用を分けて開発して生産する可能性があるかもしれませんね。F-22の輸出に失敗していますから、今度は議会から文句のつけようのない性能を落とした輸出型を、メーカーは作りだすでしょうね。

　ところで日本は独自にステルス戦闘機開発をしてもいますね？

――はい。しかし、日本がかつて、新型戦闘機を開発する時、米国から散々文句をつけられて、結局、F−2は、F−16改となったことがありました。

　その前例にならうと、F−3は、F−15改となって、第6世代アドバンス・ステルス戦闘機的な意味は完璧になくなります。

　米国はそうしてくるでしょうね。強引な国ですから。

――今回の聞き手を務めさせていただきまして、その点は、良く分かりました。

　しかし、日本は、防衛に関しては相当良く考えないと、交番にいる日本人のお巡りさんが、中国人民解放軍兵士の人民武装警察官になってしまいますよね。

　そうです。大局を見てやらないとダメです。

――集団的自衛権問題で、「地球の裏側に自衛隊を送るか」とか、「若者を戦場に送るのか」とか心配するよりも、日本の南西諸島の与那国島のちょいと隣、沖縄のちょいと西の近い所がもう戦場なのですよね？

　はい、その通りです。

――そここそが日本に復讐してやろうとする中国軍と日本国自衛隊の最前線なのです

よね？

そうです。そこで、絶対に第一撃を食らいたくない在日米軍は撤退します。

——日本国民はそこが祖国ですから撤退できません……。

日本全国の国民の家の真上が、いきなり、戦場になる可能性もあります。

それが対中国との戦争の統合空海戦闘（ＪＡＳＢ）の現実です。

——今、そこにある戦場が、日本国内。どうしたら、良いのでしょうか？

それは、日本国と日本国民が、考えてください。

本文写真／柿谷哲也
ＵＡＡＦ、ＵＳＤＯＤ、ＵＳＭＣ

飯柴智亮

1973年、東京都生まれ。元アメリカ陸軍大尉、軍事コンサルタント。16歳で渡豪、『ランボー』に憧れて米軍に入隊するため19歳で渡米。北ミシガン州立大に入学し、学内にて士官候補生コースの訓練を修了。1999年に永住権を得て米陸軍入隊。精鋭部隊として名高い第82空挺師団に所属し、2002年よりアフガニスタンにおける「不朽の自由作戦」に参加。"世界で最も危険な場所" と形容されるコナール州でタリバン掃討作戦に従事。03年、米国市民権を取得して04年に少尉に任官。06年中尉、08年大尉に昇進。S2情報担当将校として活躍。日米合同演習では連絡将校として自衛隊との折衝にあたる。09年除隊。現在、アラバマ州トロイ大学大学院で、国際問題を研究し、国際政治学のPh.D.(博士号)取得を目指す。

小峯隆生

1959年、兵庫県生まれ。編集者、作家。筑波大学非常勤講師、同大学知的コミュニティ基盤研究センター客員研究員。

講談社+α《プラスアルファ》新書 **668-1 C**

2020年《ねん》日《に》本《ほん》から米《べい》軍《ぐん》はいなくなる

飯柴《いいしば》智亮《ともあき》 ©Tomoaki Iishiba 2014
小峯《こみね》隆生《たかお》 ©Takao Komine 2014

2014年8月20日第1刷発行

発行者——— 鈴木 哲
発行所——— 株式会社 講談社
東京都文京区音羽2-12-21 〒112-8001
電話 出版部(03)5395-3532
販売部(03)5395-5817
業務部(03)5395-3615

写真——— 柿谷哲也
デザイン——— 鈴木成一デザイン室
カバー印刷——— 共同印刷株式会社
印刷——— 慶昌堂印刷株式会社
製本——— 牧製本印刷株式会社
図版データ制作——— 朝日メディアインターナショナル株式会社

定価はカバーに表示してあります。
落丁本・乱丁本は購入書店名を明記のうえ、小社業務部あてにお送りください。
送料は小社負担にてお取り替えします。
なお、この本の内容についてのお問い合わせは生活文化第三出版部あてにお願いいたします。

Printed in Japan
ISBN978-4-06-272864-5

講談社+α新書

40代からの 退化させない肉体 進化する精神　山﨑武司
努力したから必ず成功するわけではない——高齢スラッガーがはじめて明かす心と体と思考!　840円 659-1 B

ツイッターとフェイスブック そしてホリエモンの時代は終わった　梅崎健理
流行語大賞「なう」受賞者—コンピュータは街の中で「紙」になる、ニューアナログの時代に　840円 660-1 C

医療詐欺　「先端医療」と「新薬」は、まず疑うのが正しい　上昌広
先端医療の捏造、新薬をめぐる不正と腐敗。崩壊寸前の日本の医療を救う、覚悟の内部告発!　840円 661-1 B

長生きは「唾液」で決まる!　「口《くち》」ストレッチで全身が健康になる　植田耕一郎
歯から健康は作られ、口から健康は崩れる。その要となるのは、なんと「唾《つば》液」だった!?　800円 662-1 B

マッサン流「大人酒の目利き」　「日本ウイスキーの父」竹鶴政孝に学ぶ11の流儀　野田浩史
朝ドラのモデルになり、「日本人魂」で酒の流儀を磨きあげた男の一生を名バーテンダーが解説　840円 663-1 D

63歳で健康な人は、なぜ100歳まで元気なのか　人生に4回ある「新厄年」のサイエンス　板倉弘重
75万人のデータが証明!! 4つの「新厄年」に人生と寿命が決まる! 120歳まで寿命は延びる　880円 664-1 B

預金バカ　賢い人は銀行預金をやめている　中野晴啓
低コスト、積み立て、国際分散、長期投資で年金不信時代に安心を作ると話題の社長が教示!!　840円 665-1 C

万病を予防する「いいふくらはぎ」の作り方　大内晁一
揉むだけじゃダメ! 身体の内と外から血流・気の流れを改善し健康になる決定版メソッド!!　840円 666-1 B

なぜ世界でいま、「ハゲ」がクールなのか　福本容子
カリスマCEOから政治家、スターまで、今や皆ボウズファッション。新ムーブメントに迫る　840円 667-1 A

2020年日本から米軍はいなくなる　飯柴智亮　聞き手・小峯隆生
米軍は中国軍の戦力を冷静に分析し、冷酷に撤退する。それこそが米軍のものの考え方　800円 668-1 C

表示価格はすべて本体価格（税別）です。本体価格は変更することがあります